图解铝合金门窗设计与制作安装

汤留泉　编著

中国电力出版社
CHINA ELECTRIC POWER PRESS

内 容 提 要

本书图文并茂，且采用图解的形式向广大读者展示了铝合金门窗的基本知识与安装技巧，现场拍摄图片配合文字同步讲解，让读者能够更加深入地了解相关知识。本书的主要内容涵盖铝合金门窗的材料、安装工具、结构设计、制造方法等，使读者能够适应铝合金门窗的设计及制作要求，真正达到快学、快用、快上岗的目的。本书不仅介绍传统材料工艺，还收录了近两年的成熟新工艺。

本书适合正在从事或希望从事铝合金门窗加工的施工员、承包商、经销商阅读和参考。同时也适合对这些细分行业感兴趣的自学者、进城务工人员、物业管理或创业人员阅读，并可供相关学校作为培训教材使用。

图书在版编目（CIP）数据

图解铝合金门窗设计与制作安装 / 汤留泉编著. —北京：中国电力出版社，2019.3（2023.11重印）
ISBN 978-7-5198-2840-0

Ⅰ. ①图… Ⅱ. ①汤… Ⅲ. ①铝合金－门－造型设计－图解②铝合金－窗－造型设计－图解③铝合金－门－生产工艺－图解④铝合金－窗－生产工艺－图解 Ⅳ. ①TU228-64②TU758.16-64

中国版本图书馆CIP数据核字（2019）第000450号

出版发行：中国电力出版社
地　　址：北京市东城区北京站西街19号（邮政编码100005）
网　　址：http://www.cepp.sgcc.com.cn
责任编辑：乐　苑（010-63412380）
责任校对：黄　蓓　闫秀英
装帧设计：唯佳文化
责任印制：杨晓东

印　　刷：三河市航远印刷有限公司
版　　次：2019年3月第一版
印　　次：2023年11月北京第六次印刷
开　　本：710毫米×1000毫米　16开本
印　　张：10.25
字　　数：200千字
定　　价：58.00元

前　言 Preface

铝合金门窗在建筑门窗市场的占有率将保持在55%以上，受国家建筑节能政策和能源危机的影响，节能环保型铝合金门窗的使用比例将逐步提高。未来十年，中国的房地产业将不会继续粗放式发展，而将进入规划设计和高品质建造的时期。那么，作为房屋结构的重要组成部分——门窗，特别是铝合金门窗，也将从过去散装经营进入到系统设计安装时代。这样，铝合金门窗的环保节能、系统构成优势将会得到很好的体现。

很多以往从事装修行业的施工员都转行来做铝合金门窗，因为他们能熟练掌握基本的装修工具和施工操作，只需要学习的是铝合金型材的上游采购、加工与精确地测量等，同时，铝合金门窗行业对设计的要求不是很高，因此从事这个行业的人越来越多。随着诸多节能环保政策的相继出台，政府加大力度对该领域进行统筹规划，国民生活水平的提升也使得民众对产品的节能环保要求逐渐提高，人们对环保的意识在不断加强。鉴于这些方面的因素，节能环保型产业的发展将会得到大力推动。当然，其中包括了节能环保门窗。

本书共分为8个章节，分别对铝合金门窗的发展前景、型材分类、结构设计、节能设计、玻璃的选用、五金配件的选用、铝合金门窗的加工、组装及施工安装等进行了较为详细的说明，并对铝合金门窗产品的验收、维护与保养进行了简单的介绍。本书理论与实际相结合，实用性较强，可作为铝合金门窗私营业主、施工员、项目经理、设计人员、物业管理人员、装修业主等学习用书。

本书编写过程中得到湖北工学院艺术学院老师们的帮助，他们是：柯举、汤留泉、张环、石波、邓世超、程媛媛、陈庆伟、边塞、戈必桥、曹洪涛、孙未靖、施艳萍、邱丽莎、秦哲、马一峰、罗浩、刘艳芳、卢丹、刘波、刘惠芳、刘敏、李吉章、李建华、李钦、柯李、付士苔。在此表示感谢。

由于编者水平有限，书中难免存在缺点和不足，欢迎广大读者批评指正。

编　者

2019年2月

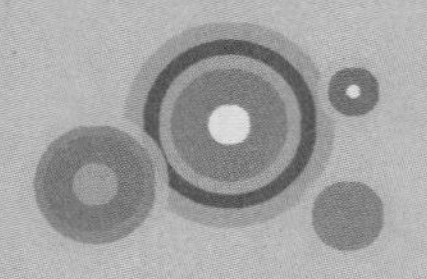

目　录

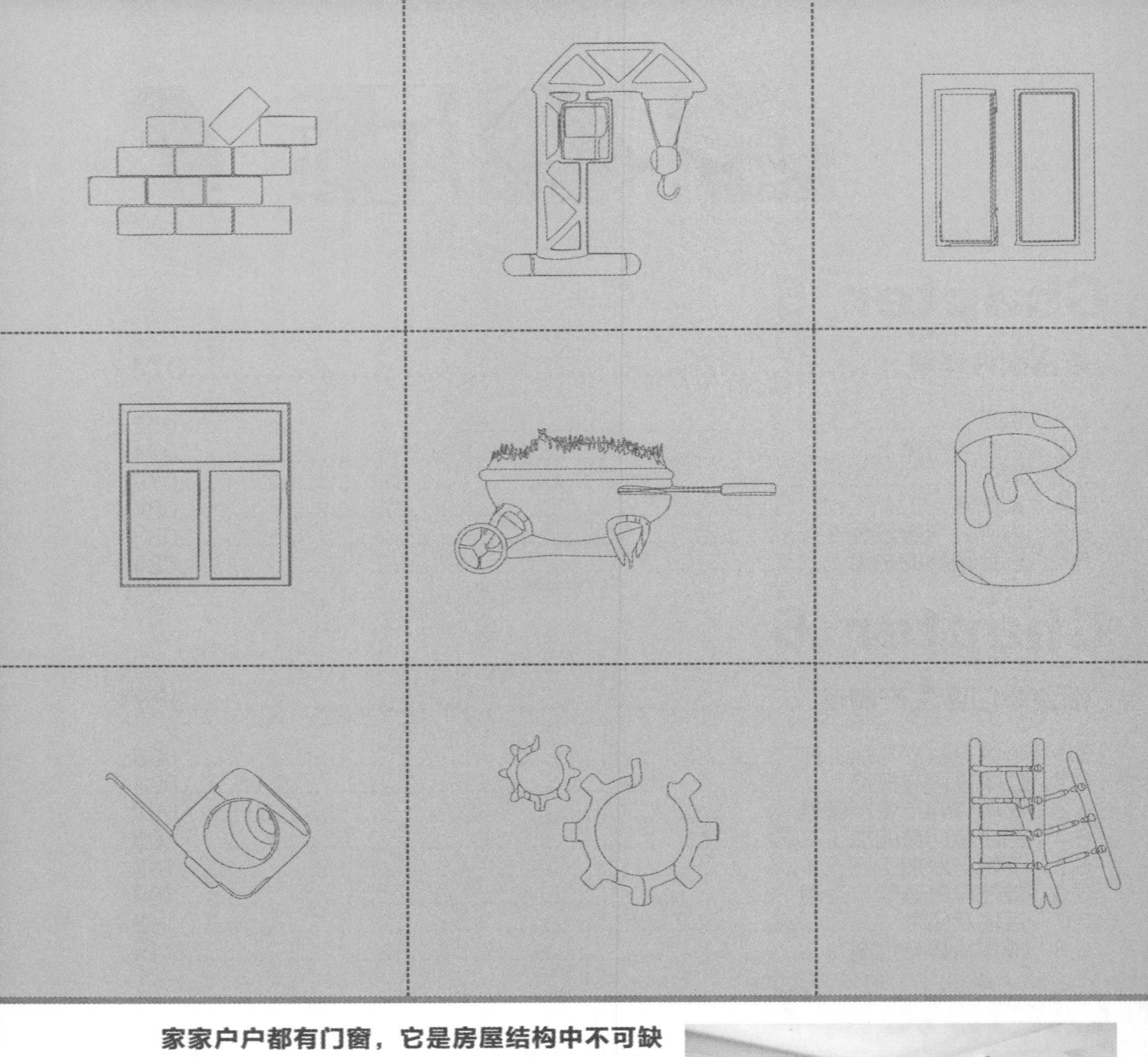

家家户户都有门窗，它是房屋结构中不可缺少的元素之一。而在众多的门窗材料中，铝合金尤为突出，它具有重量轻、强度高、密闭性能好、耐久性好、使用维修方便、装饰效果优雅等优点，成为大家装修门窗的首选材料。本章节将详细介绍铝合金门窗的相关知识点，供大家初步了解铝合金门窗结构。

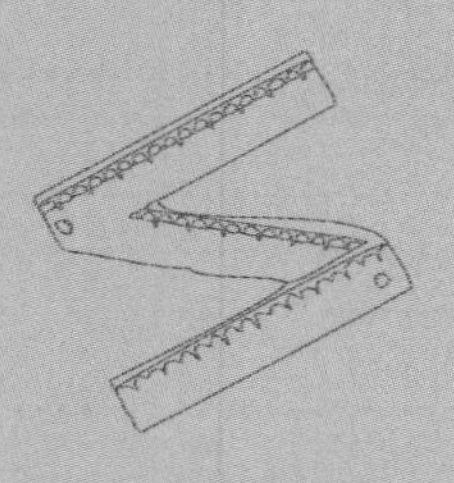

Chapter 1 初步了解铝合金门窗

识读难度：★★☆☆☆

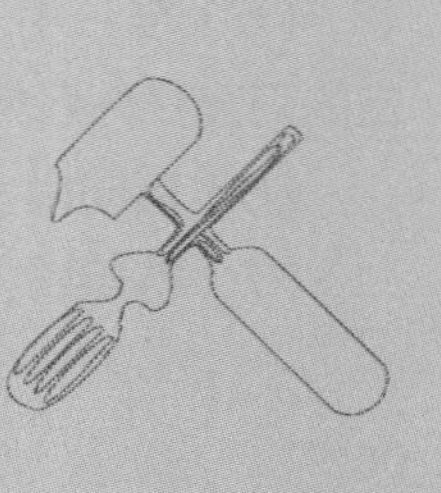

1.1 专业术语与名称

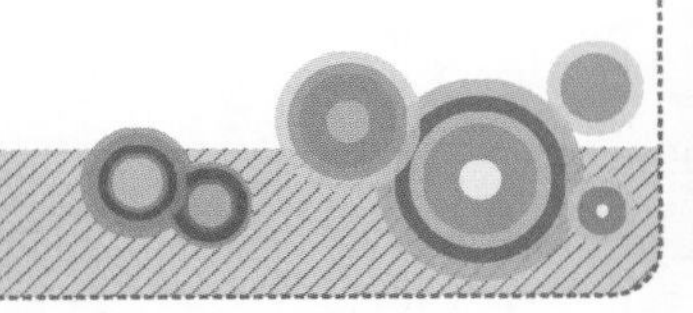

铝合金门窗是指采用铝合金挤压型材为框、梃、扇料制作的门窗，简称铝门窗。然而根据南北不同地貌气候设计，铝门窗的型材和玻璃款式又有南北地域之分。北方以铝材厚、款式沉稳为主要特色，最具代表性的是格条款式，而格条中最具特色的是唐格。南方以铝材造型多样、款式活泼为主要特色，最具代表性的是花玻款式，款式有花格、冰雕、浅雕、晶贝等。

↑阳台铝合金门窗

↑铝合金推拉门

为了方便大家对本书的后续解读及对相关知识的理解，对铝合金门窗设计制作安装过程中部分专业术语整理如下：

（1）门：围蔽墙体门洞口，可开启关闭，并可供人出入的建筑部件的总称。

（2）窗：围蔽墙体洞口，可起通风、采光或观察等作用的建筑部件。通常包括窗框和一个或多个窗扇以及五金件，有时还带有亮窗和换气装置。

（3）门窗：建筑用窗及人行门的总称。

（4）洞口：墙体上安装门窗的预留孔洞。

（5）框：用于安装门窗活动扇和固定部分(玻璃或镶板)，并与门窗洞口或附框连接固定的门窗杆件系统。

（6）活动扇：安装在门窗框上的可开启和关闭的组件。

（7）待用扇：后开扇，多扇门或窗中的一扇，活动扇开启后才开启的扇。

（8）固定扇：安装在门窗框上不可开启的组件。

（9）主要受力杆件：铝合金门窗立面内承受并传递门窗自身重力及水平风荷载等作用的中横框、中竖框、扇梃等主型材，以及组合门窗拼樘框型材。

（10）铝合金门窗：采用铝合金建筑型材制作的框、扇杆件结构的门、窗的总称。

↑门洞

↑阳台窗洞

（11）门窗附件：铝合金门窗组装用的配件和零件。

（12）主型材：组成铝合金门窗框、扇杆件系统的基本架构。

（13）辅型材：铝合金门窗框、扇杆件系统中，镶嵌或固定于主型材杆件上，起到传力或某种功能作用的附加型材，如披水条、玻璃压条等。

（14）门洞净尺寸：是指测量后的最终安装尺寸，此尺寸为工厂的制作依据，不能擅自更改。如果是毛胚房，那么预留的尺寸一定要精确，避免后期大的误差。

（15）右内开：是指人站在门窗的对面外围，朝内开启门窗，合页在门窗的右边，锁具在门窗的左边。

（16）右外开：是指人站在门窗的对面外围，面对门窗，朝外开启，合页在门窗的右边，锁具在门窗的左边。

（17）左外开：是指人站在门窗的对面外围，面对门窗，朝外开启，合页在门窗的左边，锁具在门窗的右边。

（18）左内开：是指人站在门窗的对面外围，面对门窗，朝内开启，合页在门窗的左边，锁具在门窗的右边。

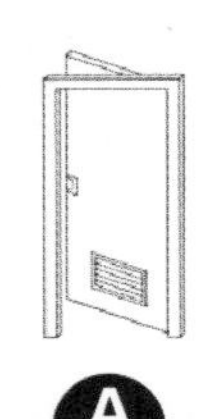

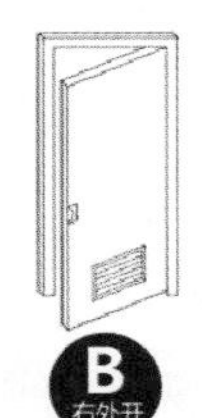

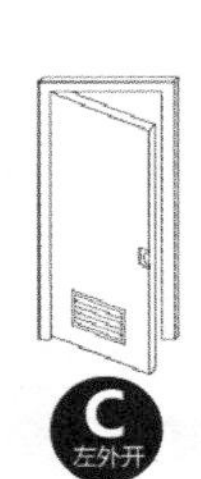

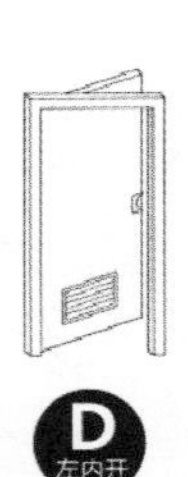

→开启方向

1.2 为什么要用铝合金门窗

铝合金因具备众多优点，在各类民用、商业建筑中得到广泛使用。如今，全球求变化的概念深入人心，消费者的环保意识不断增强，从中国铝合金门窗行业发展分析及投资潜力研究报告中可以了解到市场上将会不断出现一些以低碳环保为目标的新技术和新标准。在这样的市场环境下，掌握了前沿的环保节能技术的铝合金门窗必将在新一轮的市场竞争中取得优势。

↑断桥铝合金门窗隔热保温型材

↑铝合金拓展建筑

铝具有良好的耐侵蚀性。但与钢或其他金属材工业铝材料接触时会产生电化学侵蚀，在湿润的环境中与混凝土、水泥砂浆、石灰等碱性材料接触时会产生侵蚀,与木材、泥土等接触时也会产生侵蚀，因此,需进行适当的防腐处理。铝中加入少量的一种或几种合金元素，如镁、硅、锰、铜、锌、铁、铬、钛等，即可得到具有不同机能的铝合金。铝合金再经冷加工和热处理，进一步得到强化和硬化，其抗拉强度大大进步。铝合金制作的门窗具有以下特点：

1. 保温效果好

目前较常用的铝合金门窗基本都是断桥的，也就是用隔热条将室内外的铝合金分离出来，这样就可以大大地提高保温效果；另外配合中空玻璃使用，更是完全杜绝了室内产生结露现象。

2. 质轻、高强

铝合金材料多是空芯薄壁组合断面，方便使用，减轻质量，且截面具有较高的抗弯强度，做成的门窗耐用，变形小。

3. 密封性能好

铝合金本身易于挤压，型材的横断面尺寸准确，加工准确度高。可选用防水性、弹性、耐久性都比较好的密封材料，比如橡胶压条和硅酮系列的密封胶。在型材方面，各种密封条固定凹槽，已经随同断面在挤压成形过程中一同完成，给安装封缝材料创造了有利条件。

4. 造型美观

铝合金型材表面的特殊处理技术，可以使铝合金门窗具有各种外观及流行的金属颜色，如银白色、黑色、青铜色、黄铜色、茶色等。目前，对铝合金型材表面处理技术有阳极氧化、电泳涂漆、粉末喷涂等多种处理工艺，可使铝合金型材具有丰富多彩的颜色和花纹。窗扇框架大，可镶嵌较大面积的玻璃，让室内光线充足明亮，增强了室内外之间立面虚实对比，让居室更富有层次。

5. 耐腐蚀性强

铝台金氧化层不褪色、不脱落，不需要涂漆，易于保养，不用维修。

6. 性价比高

在建筑装饰工程中，特别是对于高层建筑、高档次的装饰工程，从使用性能、装饰效果、安全、节能、使用寿命等方面综合考虑，铝合金门窗的性价比优于其他种类门窗。

7. 易维护和保养

经表面处理后的铝合金型材表面坚硬，不受各种气候条件的影响，因而无须其他昂贵的维护。铝型材表面的清理，只需使用玻璃清洁剂即可，清理的时间间隔可以视情况决定。

↑铝合金屋顶天窗周边具有密封胶条，防水性能好，铝合金型材结构能让雨水向室外导流，不会进入室内。

↑铝合金推拉门具有很强的透光性，用于室内、外之间安装，门框型材周边具有防尘条能有效阻隔灰尘进入室内。

1.3 曾经用过的那些门窗

纵观整个建筑门窗市场，门窗的制作材质、造型琳琅满目，极大地丰富了消费者的市场选择性。生活中曾经用过的，也是最常见的门窗类型不外乎铝合金门窗、塑钢门窗、玻璃钢门窗、 实木门窗和塑料门窗这几种，大家根据自身的实际需求和喜好选择合适的类型，而它们之中价格有高有低，各具特色。下面跟大家介绍几种常用的门窗的。

1. 按材质分类

按材质分类，门窗可分为木门窗、塑钢门窗、铝合金门窗、彩钢门窗等。

（1）木门窗。是最早使用的门窗体材料，也是比较传统的门窗体材料，在我国汉代时期木门窗就已发展的相当成熟，方形、长方形、圆形等不同形式的木门窗纷纷出现。木材是自然的生命体，天生具有较低的热传导性，保温性能优越，具有自然、和谐、温馨、坚实的特点。需用优质木材，配以优良工艺，价格较高，多用于别墅等高档空间处理。而劣质木窗则易腐烂变形，影响使用和美观。

↑木质门窗装饰性好，大尺寸型材容易变形。

↑木质门窗造型易加工，但是成本高。

（2）塑钢门窗。采用的是U-PVC塑料与钢材合成制作的型材，它有着良好的抗风、防水、保温的功能。这种门窗还能被回收再利用，绿色环保，实用价值非常的大，深受消费者的喜爱。色彩新颖、装饰性强，这种材料以色彩新颖、表面温和与装饰性强而大受消费者欢迎。但是塑钢门窗在开始进入市场时，并没有在加工制作方面完全摆脱小作坊式的生产方式，如某中等城市年加工能力超过2万m^2的企业只有两个，其余的都是一些小型加工点。可以看出，塑钢门窗材料的加工制作与铝合金的加工制作是有一定差别的，它需要专门的加工机械，标准更完善。目前，有些小型加工点虽然具备了专用制作机械和加工工具，但由于缺乏对制作技术和制作标准的深刻认识，也难免出现质量低下的情况，比较普遍的有内部钢材使用不合格、压条混合使用、热合性与气密性差等。

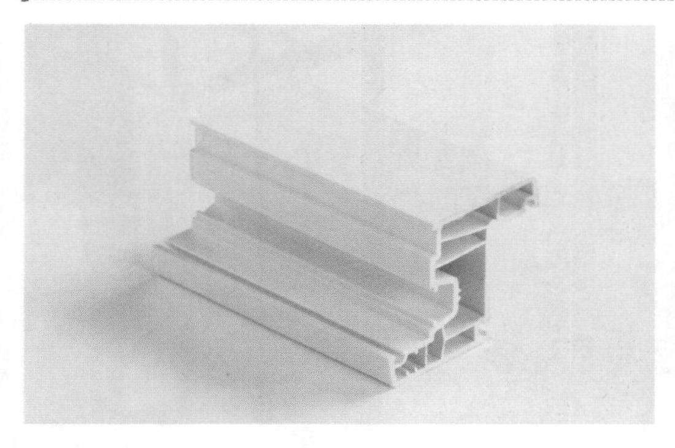

↑塑钢型材内部结构虽然与铝合金型材相似，但是材质强度比较低，大尺寸型材容易变形。

↑塑钢门窗用于制作体量较小的门窗构造。

（3）铝合金门窗。铝合金门窗的外观敞亮、坚固耐用，市场占有率高达55%。由铝合金制作成的门窗深受广大消费者的喜爱。铝合金材料的截面具有较高的抗弯强度，做成的门窗耐用，变形小，而其又多是空芯薄壁组合断面，因此重量自然较轻。

安装密封时，大家可选用防水性、弹性、耐久性都比较好的材料，如橡胶压条和硅酮系列的密封胶等。铝合金门窗有古铜、金黄、银白等色，铝合金氧化层也不褪色、不掉落，无须涂漆，易于保护，大家可以根据需求任意选用。但是值得注意的是，随着需求市场占有率的不断饱和，铝合金门窗加工行业之间的竞争也更加明显，不同铝合金门窗厂家之间质量也良莠不齐，大家选择时需要慎重。

↑铝合金型材的跨度较大，通透性较好。

↑铝合金型材较轻，适用于高层建筑阳台封闭。

（4）玻璃钢门窗。轻质高强、耐老化，玻璃钢门窗是塑钢后时代的又一新型门窗，由于出现较晚，综合了其他类门窗的优点，它既有钢、铝门窗的坚固性，又有塑钢门窗的防腐、保温、节能性能，自身更具有独特的性能，在阳光直接照射下无膨胀，在寒冷的气候下无收缩，轻质高强无需金属加固，耐老化，寿命长，综合性能比较优秀。

↑玻璃钢型材边框较粗大，强度足够高，但是在一定程度上影响透光性。

↑玻璃钢型材制作的门窗坚固，加工成本高。

2. 按造型分类

按造型分类，可分为平开窗、推拉窗、提拉窗、折叠窗、转窗等。

（1）平开窗。平开窗分为内平开窗和外平开窗，其密封性能比推拉窗要好，但是比较占用空间。外平开窗有相关限制，国家规定6层建筑以上不得使用。在成本上窗体和配件较贵，窗扇也不能做大，因此大规模使用受到了一定的限制。

（2）推拉窗。推拉窗是最普通也是使用最广泛的一种窗型。一推一拉即可，开启简单，持久耐用，价格适中。但推拉窗的缺点是密封性不如平开窗好。使用时可以看其推拉手感是否顺滑，密封。

↑平开窗适用于高层建筑，防风性能好。

↑推拉窗适用于中低层建筑，开启面积大。

（3）提拉窗。不同于传统内开、外开和普通推拉模式，提拉窗采用上下提拉的开启方式的窗，适用于宽度较小，需要开启但不能内外开的洞口。提拉窗广泛应用于高层建筑，其具有的优点是优越的节能保温性能和优良的抗风压性能；线条美观，视角开阔；开启时不与人体碰撞；框扇包裹，窗扇无外坠之隐患，安全系数高等。

（4）折叠窗。折叠窗看起来和普通窗在外观形式上没有区别，很多小规格阳台无法伸展开窗，采用这类折叠形式的窗则能很好地解决空间不足这个问题。该类窗户上安装一个铰链伸缩机构，能够让窗户尽可能的往外靠，两个窗扇竖档间需要安装铰链，让窗扇可以联动打开。折叠窗开启比较方便，打开的面积大，但结构复杂且成本较高。

↑提拉窗适用于下半部开启频率较高的场所，如营业窗口、餐厅、医院等。

↑折叠窗适用于开启面积过小，需要增大通行面积的部位。

（5）转窗，转窗又分为上悬窗、下悬窗、中悬窗、立转窗、百叶窗。

转窗的形式种类		
种　类	图　例	说　　明
上悬窗		固定窗户上面的一边，可以从下面推开。其通风性好、安全性能优良、便于清洁、实用性强，可避免占用室内空间，即使是忘记关窗，雨水也很难进入室内
下悬窗		下悬窗是指合页分别安装于窗下框与窗下梃相对应的部位上，沿水平轴向内或向外开启的窗。下悬窗通风较好，但不防雨，仅用于室内亮窗或换气窗

续表

种　类	图　例	说　　明
中悬窗		窗轴装在窗扇的左右边梃的中部，其沿水平轴旋转。常用作楼梯、走道高窗和门上亮窗，以及工业建筑的侧窗或气窗
立转窗		又称为立旋窗，即中心固定，旋转开启的窗户，分为水平立转窗和垂直立转窗两种
百叶窗		成本造价低，强度高，立柱矩经过全自动数控设备穿孔，组装速度快，工期时间短，材料可直接到工地切割，现场组合安装

3. 按用途分类

窗按用途分类，可分为墙体窗、阳台窗、落地窗、屋顶窗、纱窗。

转窗的形式种类

种类	图　例	说　明	种类	图　例	说　明
墙体窗		应用于起居室、卧室、厨房、卫生间等居住空间，由于隔热和节能的需要，主要为中空玻璃和断桥隔热窗	有框窗		防水密封性较好，保证阳台的通风采光。让人感觉空间通透明亮
			落地窗		直接固定在地面上，可视面积大，可增加采光面积，给人开阔之感
无框窗		能最大限度地通风采光，让阳台产生了舒适感，同时又能遮风挡雨，没有竖直的框架，窗扇能移动开启关闭	屋顶窗		屋顶上附着的窗体，斜屋顶天窗一般用于采光、通风

1.4 铝合金门窗行业状况

随着铝合金门窗的应用越来越广泛，铝合金门窗已经成为很多家装与工装的优选，得到了广大消费者的青睐。目前，铝合金门窗行业有三大发展趋势。

1. 大投入、规模化生产

以往大多数铝合金门窗厂家在靠前次创业时，投入并不大，无论是资金上，还是厂房规模上，甚至有些企业在创业之初就是三五个人的小作坊或“夫妻店”。但这些厂家经过十多年的发展，正在朝着企业集团化方向发展。

2. 多品牌营销，占领更多市场

铝合金门窗产品本身的技术含量不高，加入竞争的企业也相当多。企业多了，铝合金门窗的品牌也就多了，铝合金门窗品牌的竞争也就十分激烈了。如何提升铝合金门窗企业的品牌知名度就成了企业现时的主要问题。甚至有的企业存在多品牌的现象，这样可以打开更多的市场，增加竞争力。

3. 以铝门为基础，延伸产品多样化

现今相当多的铝合金门窗生产企业发展到一定程度，单一的铝门产品已无法完全满足企业发展的需求，不少铝门生产企业已经不再只生产单一的铝门产品了，进而开始向铝门的延伸产品发展。

↑大尺寸铝合金公共空间隔断

↑形式多样的铝合金门窗加工生产

铝合金型材质量优劣及性能的高低，直接影响组成铝合金门窗产品的质量。铝合金型材的表面处理方式决定了门窗的耐候性能，铝合金型材的断面规格尺寸决定了门窗的抗风压性能和安全性能，铝合金型材的断面结构形式决定了门窗的气密性能和水密性能，铝合金型材隔热性能直接影响了门窗的保温、隔热性能。

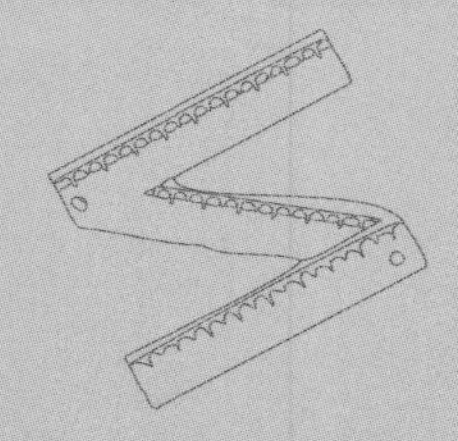

Chapter 2 铝合金门窗型材详解

识读难度：★★★☆☆

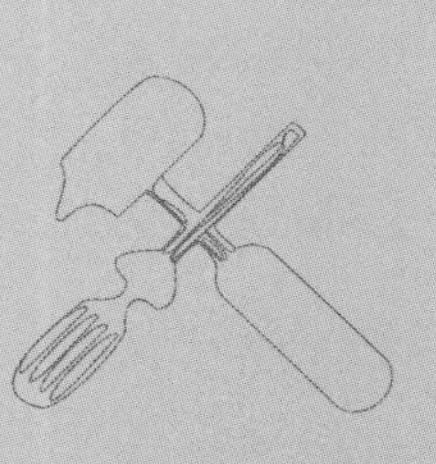

2.1 铝合金门窗分类

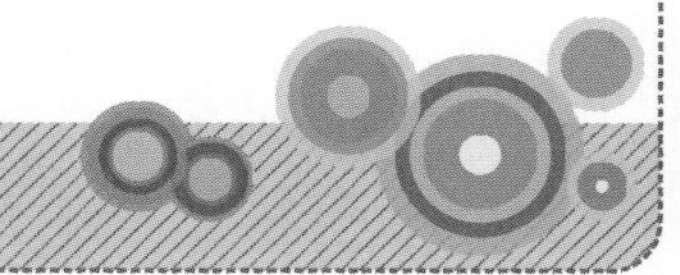

在所有装修物件中，门窗作为建筑物外围结构的组成部分，被赋予了不同的建筑功能与要求，门窗不仅要具有采光、通风、防雨、保温隔热、隔声、防盗等功能，还要满足使用环境、建筑风格、装饰装修的需要，形成与建筑造型、建筑环境相结合的统一体，才能为大家提供安全舒适的居住环境。门窗有很多种类，它们的分类也是五花八门。

→大尺度铝合金门窗可增加横撑来强化结构

↓圆拱铝合金门窗根据建筑结构来加工成型

1. 按开启方式划分

铝合金门窗按开启方式可分为推拉式铝合金门窗、平开式铝合金门窗、上悬式铝合金门窗。

（1）推拉式铝合金门窗。目前采用最多的就是推拉窗。其优点是：简洁、美观，窗幅大，玻璃块大，视野开阔，采光率高，擦玻璃方便，使用灵活，安全可靠，使用寿命长，在一个平面内开启，占用空间少，安装纱窗方便等。其缺点是：两扇窗户不能同时打开，最多只能打开一半，通风性与密封性也稍差。

（2）平开式铝合金门窗。其优点是：开启面积大，通风好，密封性好，隔音、保温、抗渗性能优良。内开式的擦窗方便；外开式的开启时不占空间。其缺点是：窗幅小，视野不开阔。外开窗开启要占用墙外的一块空间，刮大风时易受损；而内开窗更是要占去室内的部分空间，使用纱窗也不方便，开窗时使用纱窗、窗帘等也不方便，如质量不过关，还可能渗雨。

（3）上悬式铝合金门窗。其是在平开窗的基础上发展出来的新形式。它有两种开启方式，既可平开，又可从上部推开。平开窗关闭时，向外推窗户的上部，可以打开一条100mm左右缝隙，打开的部分悬在空中，通过铰链等与窗框连接固定，因此称为上悬式。其优点是既可以通风，又可以保证安全，因为有铰链，窗户只能打开100mm缝隙，从外面手伸不进来，特别适合家中无人时使用。

2. 以型材截面的高度尺寸划分

铝门窗型材主要有40mm、45mm、50mm、55mm、60mm、65mm、70mm、80mm、90mm、100mm等尺寸系列。其中铝合金窗用的尺寸系列较小，铝合金门用的尺寸系列偏大。铝门窗标注的尺寸系列相同，不一定铝门窗型材的截面形状和尺寸都相同。相同尺寸系列的铝合金门窗型材，其截面形状和尺寸是相当繁杂的，必须依据图样具体分析和对待。

3. 根据截面形状划分

根据截面形状划分，铝合金门窗分为实心型材和空心型材，空心型材的应用量较大。铝合金门窗型材的壁厚尺寸，用于铝合金窗的不低于1.4mm，用于铝合金门的不低于2.0mm。 铝合金门窗型材的长度尺寸分定尺、倍尺和不定尺三种。定尺长度一般不超过6m，不定尺长度不少于1m。

↑铝合金实心型材是指没有封闭围合结构的型材，这种型材用于门窗加强结构或封闭结构和强化整体造型结构或装饰边框内侧面。

↑铝合金空心型材是指封闭围合结构的型材，这种型材用于门窗主要边框、横梁、立柱、门窗扇轨道支撑，虽然是空心，但是周边结构造型具有承重功能，是经过细致设计后形成的造型。

图解小贴士

选择铝合金型材的6个原则

（1）看厚度。常用70、90系列的铝窗型材，其壁厚应为1.4～2.0mm。

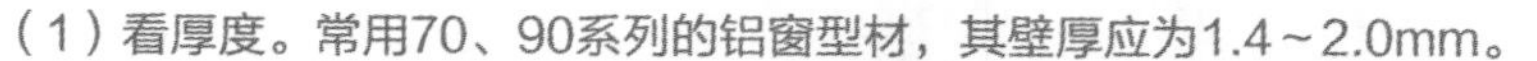

（2）看强度。选购时，可用手适度弯曲型材，松手后应能恢复原状。

（3）看色度。同一根铝合金型材色泽应一致，如色差明显，则不宜选购。

（4）看平整度。检查铝合金型材表面，应无凹陷或鼓出。

（5）看光泽度。铝合金门窗避免选购表面有开口气泡（白点）和灰渣（黑点），以及裂纹、毛刺、起皮等明显缺陷的型材。

（6）看氧化度。选购时可在型材表面轻划一下，看其表面的氧化膜是否可以擦掉。

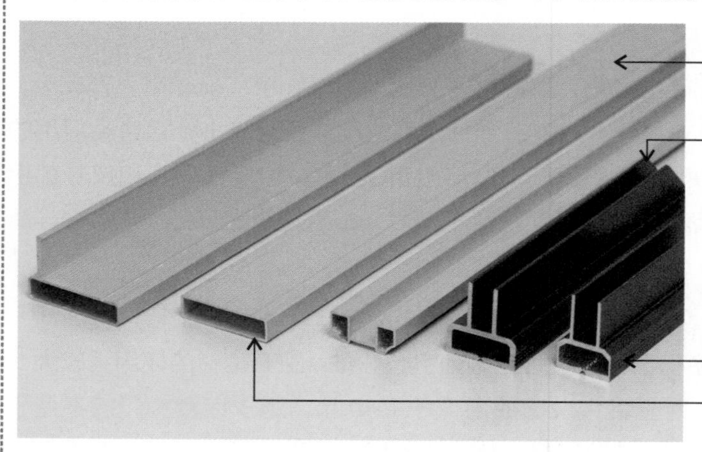

↑检查铝合金型材表面厚度、强度、色泽度、平整度、光泽度、氧化度等情况

2.2 铝合金门窗性能要求

铝合金采用热处理，能获得良好的机械性能、物理性能和抗腐蚀性能。不可热处理强化型铝合金只能通过冷加工变形来实现强化，它主要包括高纯铝、工业高纯铝、工业纯铝以及防锈铝等。可热处理强化型铝合金可以通过淬火和时效等热处理手段来提高机械性能，可分为硬铝、锻铝、超硬铝和特殊铝合金等。铸造铝合金按化学成分，可分为铝硅合金、铝铜合金、 铝镁合金和铝锌合金等。

为使铝合金门窗工程做到安全适用、技术先进、经济合理、确保质量，其设计、制作、安装、验收和维护，除应符合相关的规定外，铝合金门窗性能要求也应符合国家现行有关标准的规定。

变形铝及铝合金牌号表示方法	
铝合金种类	牌号系列
纯铝（铝含量不小于99.00%）	1×××（如1050）
以铜为主要元素的铝合金	2×××（如2A01）
以锰为主要元素的铝合金	3×××（如3A21）
以硅为主要元素的铝合金	4×××（如4050）
以镁为主要元素的铝合金	5×××（如5050）
以镁和硅为主要元素的铝合金	6×××（如6005）
以锌为主要元素的铝合金	7×××（如7075）
以其他元素为主要合金元素的铝合金	8×××（如8050）
备用合金组	9×××（如9050）

1. 铝合金门窗主要材料

（1）铝合金门窗型材以6063材料为主，铝合金门窗型材表面的饰面材料有氧化类（氧化、电泳漆）、喷涂类（粉末喷涂、氟碳类喷涂）等。

（2）铝合金门窗常用的玻璃类型有浮法玻璃、真空玻璃、中空玻璃、钢化玻璃、夹层玻璃、镀膜玻璃、防火玻璃、着色玻璃、夹丝玻璃等。

（3）密封胶有硅酮类密封胶（硅酮耐候胶、硅酮结构密封胶）、聚氨酯类密封胶、聚硫胶、丁基胶等。

（4）门窗五金件有执手、合页、滑撑、滑轮、锁闭器、螺钉、拉铆钉等。密封材料有密封胶条、密封毛条等。

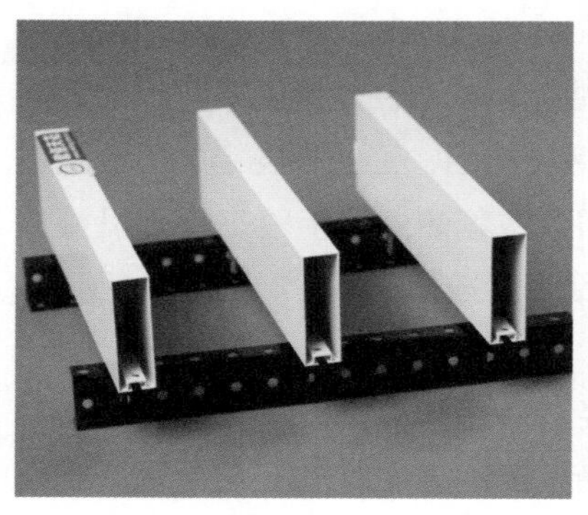
↑6063铝合金方管

↑防火夹丝玻璃

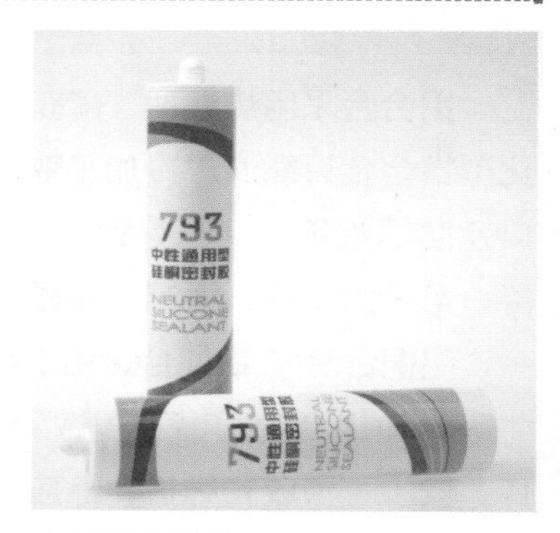

↑硅酮密封胶

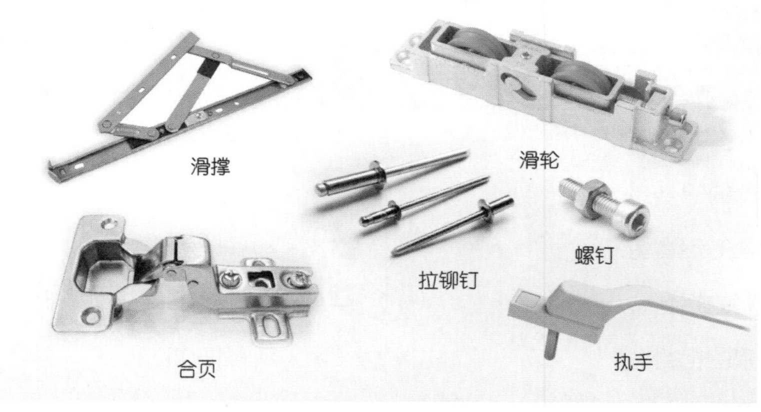

↑门窗五金件

←门窗五金件一般不是铝合金材质，而是强度更高的镀锌铁合金、铜合金、不锈钢材质，这些材质能有效平衡铝合金的物理性能，强化整体结构，提高耐用性能。

2. 铝合金型材的规格

铝合金型材是制作铝合金门窗的基本材料，铝合金型材的规格尺寸、化学成分、力学性能、精度和表面质量，对铝合金门窗的质量、使用寿命和使用性能有着重要影响。建筑用铝合金型材应符合《中华人民共和国国家标准·铝合金建筑型材》的相关规定。该标准适用于建筑行业用6005、6060、6061、6063、6063A、6463、6463A 高温挤压成型、快速冷却并人工时效或经固熔热处理状态的型材。

铝合金门窗用型材根据截面形状区分为实心型材和空心型材，空心型材的应用量较大。铝合金门窗用型材的壁厚尺寸用于铝合金外门、窗的主型材截面，主要受力部位基材最小实测值分别不低2.0mm 和1.4mm。铝合金门窗用型材的长度尺寸分定尺、倍尺和不定尺三种，定尺长度一般不超过 6m，不定尺长度不少于1m。铝合金型材的规格尺寸是以型材截面的高度尺寸为标志，并构成尺寸系列。

铝合金门窗用型材主要有40mm、45mm、50mm、55mm、60 mm、63m、65mm、 70mm、80mm、90mm 等尺寸系列。

3. 铝合金型材料要求

铝合金门窗所用材料应符合现行国家标准、行业标准及有关规定。铝合金门窗所用铝合金型材的牌号、状态、化学成分、力学性能、尺寸允许偏差及外观质量应符合现行国家标准的规定。型材横截面尺寸允许偏差可选用普通级，有配合要求时应选用高精级或超高精级。铝合金门窗用主型材壁厚应经计算或试验确定，门用主型材主要受力部位基材截面最小实测壁厚应不小于2.0mm，窗用主型材截面主要受力部位基材截面最小实测壁厚应不小于1.4mm。

铝合金门窗是长期暴露在外的建筑配套产品，长期经受太阳暴晒、酸雨冲刷、风沙侵蚀等。因此，要求铝合金门窗使用的铝型材、玻璃、密封材料、五金配件等要有良好的耐候性和使用耐久性。铝合金材料应进行表面处理，铝合金门窗所用金属材料除了不锈钢外，都应进行镀锌、涂防锈漆或其他有效的防腐处理。

↑铝合金型材镀锌防腐处理

↑防锈漆

4. 铝合金型材表面处理

（1）阳极氧型材。阳极氧化膜厚度应符合AA15 级要求，氧化膜平均厚度应不小于15pm，局部膜厚度不应小于12pm。

（2）电泳涂漆型材。阳极氧化复合膜，表面漆膜采用透明漆应符合B级要求，局部膜厚度不应小于16pm；表面采用有色漆应符合S级要求，复合膜局部膜厚度不应小于21pm。

（3）粉末喷涂型材。装饰面上涂层最小局部厚度应大于40pm。

（4）氟碳漆喷涂型材。二涂层氟碳漆膜，装饰面平均漆膜厚度不应小于30pm，三涂层氟碳漆膜，装饰面平均漆膜厚度不应小于40pm。

5. 玻璃材料要求

铝合金门窗可根据功能要求选用中空玻璃、钢化玻璃、夹层玻璃、防火玻璃、着色玻璃、夹丝玻璃、镀膜玻璃等。玻璃的品种、厚度和最大允许面积应符合JGJ 113—2009《建筑玻璃应用技术规程》的有关规定。

↑铝合金门窗最常搭配的是中空玻璃，结构为5mm＋9mm＋5mm，其中两侧的5mm为钢化玻璃，中间的9mm为中空空间，具有良好的隔音保温效果。

↑普通钢化玻璃目前是铝合金门窗安装的最低要求，普通玻璃的面积无法做得很大，强度比不上钢化玻璃，钢化玻璃的边缘都被预制加工成倒角状，能有效防止破裂。

玻璃应用部位						
玻璃品种	门	窗	室内隔断	普通幕墙	点式幕墙	阁楼顶窗
钢化玻璃	√	√	√	√	√	√
半钢化玻璃		√	√	√		
吸热玻璃		√		√		
普通夹层玻璃		√	√	√		√
钢化夹层玻璃	√	√	√	√	√	√
半钢化夹层玻璃		√	√			√
普通中空玻璃		√		√		√
钢化中空玻璃		√		√	√	√
夹层钢化中空玻璃		√		√	√	√

6. 五金件要求

建筑门窗五金件是门窗各个构件相互连接和固定的主要元件，门窗与建筑物的固定要使用五金件，门窗使用功能的体现要通过五金件，因此，五金件对门窗产品的质量具有十分重要的影响。铝合金门窗常用五金件有传动机构用执手、施压执手、传动锁闭器、滑撑、撑挡、插销、多点锁闭器、滑轮、单点锁闭器、内平开下悬五金系统等。

7. 排水孔

（1）铝合金窗排水孔标准尺寸为：两端ϕ5mm、水孔长度32mm，排水孔长度允许偏差±2mm。

（2）铝合金窗框排水孔位置。玻璃内外采用胶条密封时，当开启扇或固定玻璃分格$L \leqslant 400$mm时，取中开1个排水孔；开启扇或固定玻璃分格$L>400$mm，且固定玻璃分格$L<1400$mm时，左右各距框内口80mm定为排水孔中线位置；固定框分格$L>1400$mm时，于固定部分取中加开1个排水孔。

（3）窗扇排水孔位置。当扇宽度$L \leqslant 600$mm时，玻璃侧距扇内口120mm开1个排水孔；下面取中开孔；扇宽度$L>600$mm时，玻璃侧距扇内口120mm开1个排水孔，下面左、右距边180mm各开1个水孔。

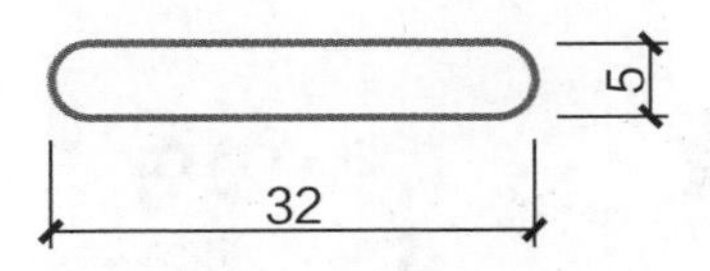

↑排水空标准尺寸。

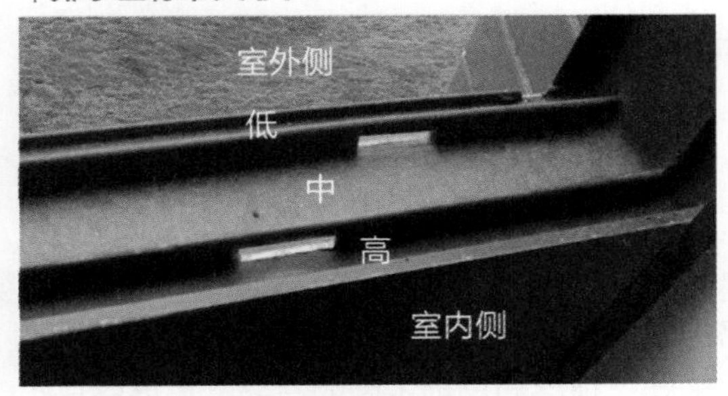

↑室内侧型材层面较高，排水孔位置也较高，室外侧排水孔位置较低，能将水导流出去。

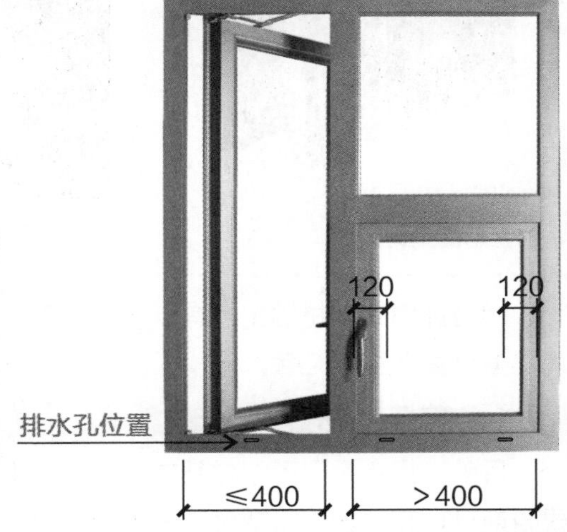

↑排水孔是铝合金门窗中必不可少的结构，必须根据尺寸严格设计施工。

2.3 铝合金型材生产

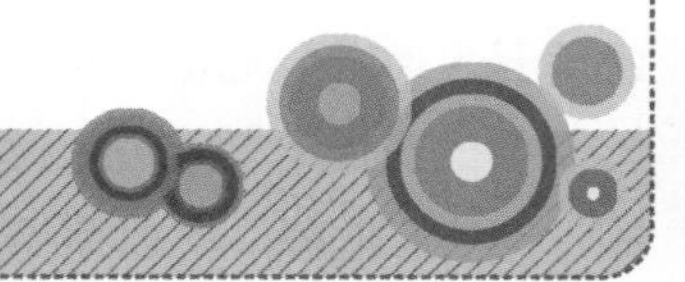

常见的铝合金门窗型材有两种，一种是普通的铝合金热挤压型材；另一种是隔热铝合金型材。而隔热铝合金型材根据复合方式不同，又可分为穿条式隔热型材、浇注式隔热型材、浇注辊压一体隔热型材。浇注辊压一体隔热型材的生产工艺是综合浇注式隔热型材和穿条式隔热型材两种工艺而成，本节主要介绍浇注式隔热型材和穿条式隔热型材的生产工艺。

↑合金门窗型材

↑合金门窗的型材组装加工

铝合金门窗型材的生产有以下几大工序：熔铸工序、挤压成型工序、表面处理工序、隔热型材复合生产工序。

1. 挤压型材生产工艺

目前，铝合金门窗型材基本上都是采用挤压方式生产的。挤压加工灵活性很大，只需要更换模具等挤压工具就可在一台设备上生产形状、规格和品种不同的产品。更换挤压工具的操作也相对简单快捷，费时少，效率高；挤压形成的铝合金门窗型材尺寸精度高，表面质量好，整体工艺流程简单，生产操作方便。

（1）挤压筒、铝合金铸锭加热。为保证产品的质量，挤压机的挤压筒在挤压成形生产前应进行预加热，预加热温度一般为400～450℃。不同的合金铸锭加热的温度随之也会不同，建筑门窗用铝合金的加热温度上限一般为550℃，挤压6063、6061合金型材时，为保证挤压热处理效果，应采用480～520℃的温度加热。

（2）挤压工具、模具加热。挤压工具在挤压使用前须预加热到300～400℃，预热前须仔细检查工具尺寸和表面状况等，挤压工具表面不得有碰伤、划痕等现象。铝合金型材挤压成型前应准备好相应的生产模具，并将模具进行预加热。

（3）挤压成型。挤压成形时应注意控制挤压速度，选择挤压速度的原则是: 在保证制品表面不产生裂纹、毛刺和保证弯曲度、平面间隙以及其他尺寸偏差等产品质量的前提下，速度越快越好。由于铝型材挤压生产的复杂性，挤压速度受合金、状态、铸锭尺寸、挤压方法、挤压力、挤压温度、挤压工具、制品形状复杂程度、润滑条件等因素的影响，生产时应根据实际情况选用适宜的挤压速度。

（4）淬火。对于6061、6063 等合金挤压生产的民用建筑型材，目前都是在挤压机上直接风冷或水冷淬火。6061合金的淬火敏感性比6063 合金大得多，因此6063 合金挤压生产时可以采用风冷，而对于6061合金则必须采用水冷。

（5）拉伸矫直。型材挤压出来并在冷却储料台上冷却后应对其进行拉伸矫直。拉伸率一般控制在0.05%～2%范围内。拉伸矫直型材必须在型材冷却至50℃以下时才能进行，严禁在高温状态下进行拉伸矫直。

（6）时效。刚挤压出来的铝合金门窗型材，其力学性能是很小的，无法满足建筑使用的要求，为了使型材能够满足建筑使用的要求，应对型材进行时效处理。时效处理的方式有两种，一种是自然时效，另一种是人工时效，对于铝合金门窗型材一般都是采用人工时效的方式。

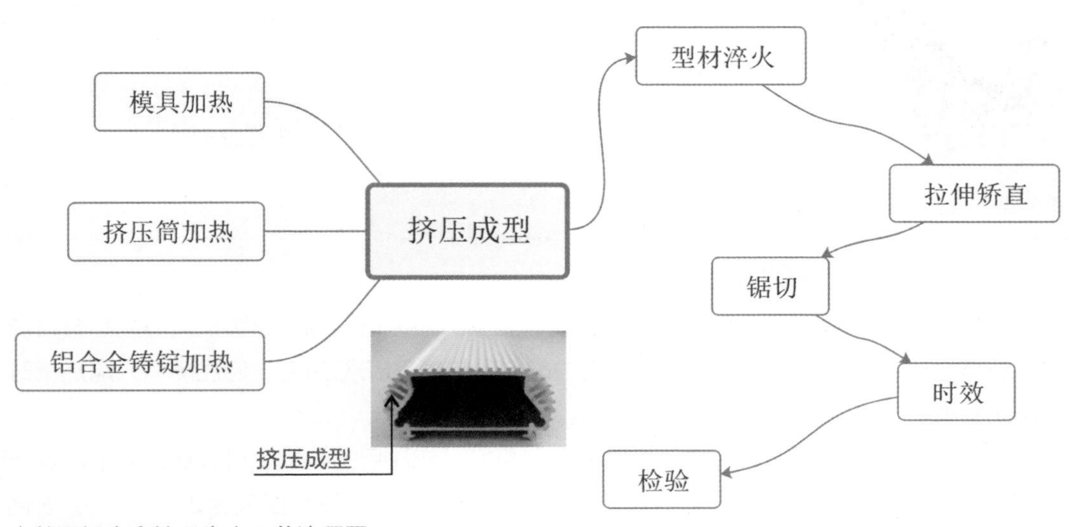

↑普通铝合金挤压生产工艺流程图

2. 穿条式隔热型材生产工艺

穿条式型材是指通过开齿、穿条、滚压工序，将条形隔热材料传入铝合金型材穿条槽内并使之被铝合金型材牢固咬合方式加工而成的具有隔热功效的复合型材。此加工工艺可在铝合金型材表面处理之前进行，也可以在表面处理之后进行。

（1）滚齿。采用滚齿机在铝合金型材的隔热槽上压出锯齿状的压痕，目的是为了提高隔热型材的纵向抗剪值，滚齿质量越高，抗剪值越高。在滚齿前应调节好滚齿机支承轮高度和宽度，以及滚齿轮的高度和宽度。滚齿后应检查滚出的齿形，深度一般以0.5~1.0mm 为宜。

（2）穿隔热条。将隔热条穿入到铝合金型材的隔热槽内，使两部分铝合金型材通过隔热条连接在一起。穿隔热条时，应根据型材的形状，将需要复合的铝合金型材隔热槽口向上放置在穿条机工作台上，预调穿条机出料口高度和宽度，保证隔热条能够顺利进入铝合金型材的隔热槽内，再将另一部分铝合金型材隔热槽口朝下叠放在先前的型材上，使上、下两部分铝合金型材槽口对正。启动穿条机送料开关，将隔热条穿入型材隔热槽内。

（3）滚压成型。通过滚压机将铝合金型材的隔热槽压紧，使隔热条与铝合金型材牢固地连接起来。滚压力对产品质量有一定的影响，滚压力过小，隔热型材的纵向抗剪值小，达不到标准要求；滚压力过大，则隔热槽易开裂，因此滚压时应控制好滚压力。

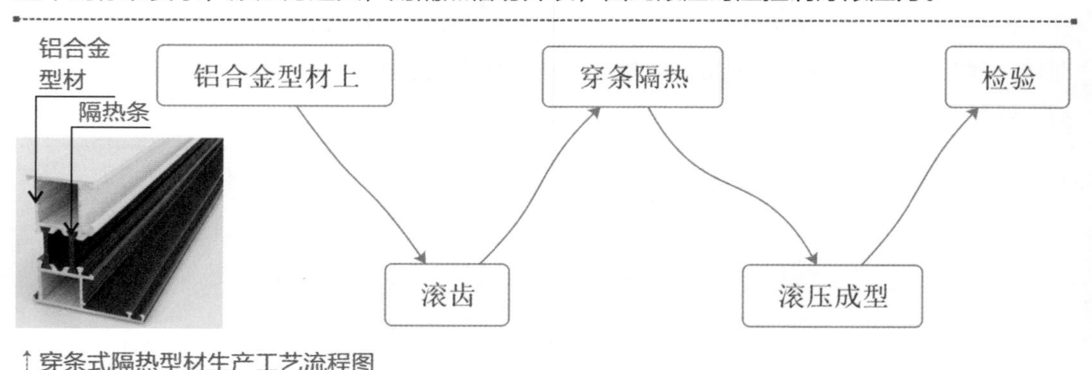

↑穿条式隔热型材生产工艺流程图

3. 浇注式隔热型材生产工艺

（1）注胶。注胶前应采用胶黏带封住铝合金型材隔热槽两端，以防止液态隔热材料溢出，调节好浇注嘴的角度和深度，一般浇注嘴与隔热槽呈80℃为宜，浇注嘴插入隔热槽时要防止空气进入产生气泡。

（2）固化。为了保证最终隔热型材的几何尺寸，浇注后的隔热型材应在室温下放置一段时间使之固化，对于隔热材料为硬质聚氨酯泡沫塑料，一般在温度为22℃时至少固化24h；对于隔热材料为聚氨基甲酸乙酯，一般在温度为22℃时至少固化20min。

图解小贴士

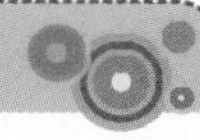

浇注式隔热型材打齿工艺的注意事项

通过设置型材进给速度和刀头速度可以调整到最佳的打齿间隙、深度与高度。提高型材进给速度可以提高打齿间距，缩小型材进给速度将会缩小打齿间距。

（3）切桥。切桥是将隔热型材两部分铝合金型材之间的临时金属桥切除，使铝合金型材之间不相连，仅通过隔热材料结合在一起，从而起到隔热的作用。切桥必须在固化之后进行，切除临时金属桥时，应注意切口不要太深、不规则等损坏结构的现象发生。

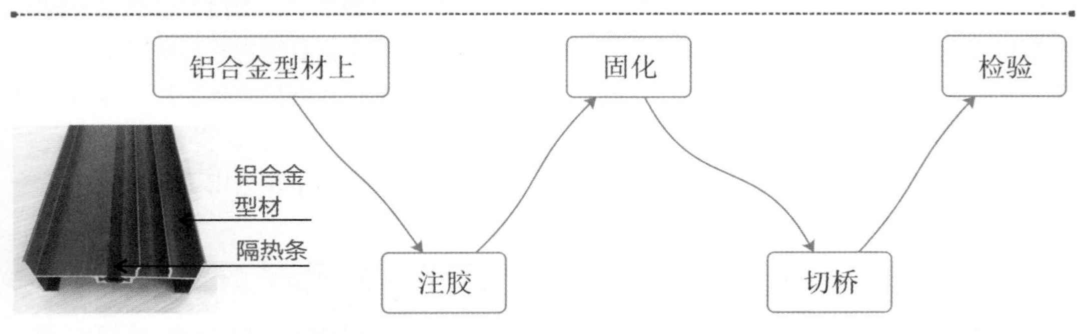

↑浇注式隔热型材生产工艺流程图

←穿条式隔热型材优势在于连接自由，适用于对强度有要求的型材连接。

↓浇注式隔热型材优势在于工艺简单，适用于对强度没有要求的型材连接，但是连接强度不高。

2.4 铝合金型材表面处理

铝及铝合金产品具有优良的物理、化学、力学性能和特征，使铝及铝合金制造工业得以迅猛发展。表面处理技术更使铝及铝合金获得新的更好的表面性能，它不仅改善和提高了铝的表面物理和化学性能，如耐腐蚀性、化学稳定性、耐磨性等，而且可以在铝表面赋予各种颜色及表面效果，大大提高了铝的装饰性。目前国内表面处理方式种类繁多，可满足不同的需要，在建筑铝合金型材上广泛应用的表面处理方式有阳极氧化处理、电泳涂漆处理和喷涂处理（包括粉末喷涂处理和氟碳漆喷涂处理）等。

不同表面处理方式所生成的表面处理膜，其性能也有差异，下表列出了通常情况下常见的表面处理膜的特性比较。

表面处理膜特性比较

项　目	阳极氧化膜	电泳涂漆膜	粉末喷涂膜	氟碳漆喷涂膜
耐候性	较少	较少	极多	多
耐腐蚀性	优	优	良	多
颜色多样性	良	优	优	优
生产成本	尚好	尚好	好	好
生产工艺环保性	低	低	低	高

1. 阳极氧化处理工艺

阳极氧化处理工艺包括阳极氧化，电解着色和封孔处理。电解着色主要采用锡盐着色技术，而封孔处理主要采用冷风孔工艺。建筑用铝合金型材的多数产品都是采用阳极氧化处理工艺，如铝门窗、铝幕墙等。

（1）基材上料。将基材固定在导电杆上，不同的阳极氧化处理车间有不同的固定方式。常见的有铝线绑扎固定和夹具固定两种方式。上料时应确保铝合金型材与导电杆接触良好，否则将导致阳极氧化膜厚度偏低，甚至无法进行阳极氧化处理。

（2）预处理。一般采用脱脂、碱洗以及中和的工艺线路。脱脂的目的是去除铝型材在挤压过程中表面附着的油脂、污垢和残屑等，并可松化或去除型材表面的氧化膜。脱脂剂可采用硫酸、专用的酸性或碱性脱脂剂等进行处理。碱洗的目的是进一步调整铝合金型材表面粗糙度，增加或减少铝合金型材表面光亮度，碱洗温度一般在40～60℃。

（3）阳极氧化处理。我国建筑用铝合金型材阳极氧化处理基本上都是采用硫酸阳极氧化处理。电解质槽液是硫酸溶液，槽液成分主要是控制硫酸浓度和铝离子浓度，浓度范围应该按工艺说明认真管理。一般硫酸阳极氧化的硫酸浓度在130～180g/l。

（4）电解着色。阳极氧化膜的着色方法有电解着色、染色和整体着色等。电解着色的铝合金阳极氧化膜，其封孔性能、耐腐蚀性能和耐候性能都比较好，操作成本也比较低，已广泛应用于建筑用铝合金型材阳极氧化的着色工艺。染色的铝合金阳极氧化膜色彩丰富，但是染料或颜料的耐光性差，封孔性能也较差，因此，染色铝合金阳极氧化膜的耐腐蚀性和耐候性都不如电解着色，只适合室内使用。整体着色的铝合金阳极氧化膜的性能虽然比较好，但是由于需要专用的溶液，操作成本和电能消耗较高，在电解着色兴起以后，基本上已经被电解着色工艺替代。

↑铝合金阳极氧化设备

↑铝合金型材阳极氧化处理

↑铝合金阳极氧化质地为哑光磨砂效果

↑电解着色后颜色丰富

（5）阳极氧化膜的封孔。封孔是为了保证铝合金制品具有良好的耐腐蚀性、耐候性和耐磨性，从而获得持久的使用性能的关键工序。常用的封孔处理方法有热封孔（沸水封孔和高压水蒸气封孔）、冷封孔、中温封孔和有机物封孔（有机酸封孔或电泳涂漆）等，有机酸封孔是一种新开发的有机物封孔方法，最适合于室内用的染色膜的封孔。我国建筑用铝合金型材阳极氧化膜的封孔，主要是冷封孔处理和电泳涂漆处理。

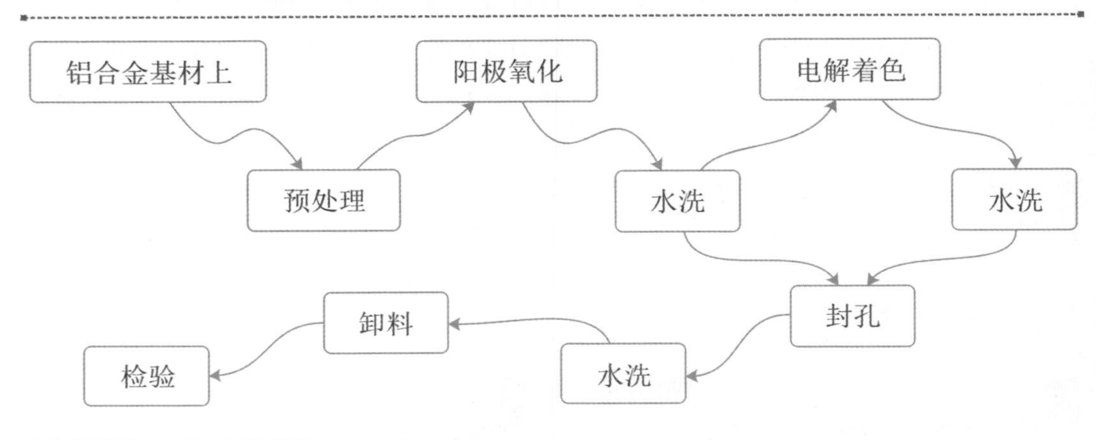

↑阳极氧化处理工艺流程图

2. 电泳涂漆处理工艺

电泳涂漆方法可分为阳极电泳涂漆和阴极电泳涂漆两种，目前，建筑铝合金型材阳极氧化电泳涂漆中基本上都采用阳极电泳涂漆工艺，下面介绍阳极电泳涂漆处理。

↑电泳槽阳极设备

↑电泳槽阳极电镀

阳极电泳涂漆处理用的水溶性树脂，是一种高酸价的羧酸铵盐。

（1）基材上料、预处理、阳极氧化。基材上料、预处理、阳极氧化和电解着色处理工序见第一小节阳极氧化处理工艺的相关内容。

（2）热水洗。作用是使铝合金型材的阳极氧化膜扩张以利于彻底清洗，避免杂质离子污染电泳槽液，同时对阳极氧化膜有一定的封闭作用以提高型材的耐腐蚀性。

（3）纯水洗。目的是继续对型材进行清洗，预防杂质进入电泳槽，同时使型材温度恢复到室温，避免型材以高温状态进入电泳槽而加速电泳槽液的老化。

（4）电泳涂漆。是整个过程的核心工序，直接决定涂装质量。需要控制的参数主要有槽液的固体分、pH值、电泳温度、电导率、电泳电压和电泳时间等。

（5）烘烤固化。烘烤固化的目的是促进固化剂与成膜树脂产生交联反应，形成具有装饰性和保护性的涂层。固化条件应根据电泳漆的性质来确定，一般固化温度为180～20℃，固化时间为30min左右。

下图为典型铝合金型材电泳涂漆处理工艺流程图。

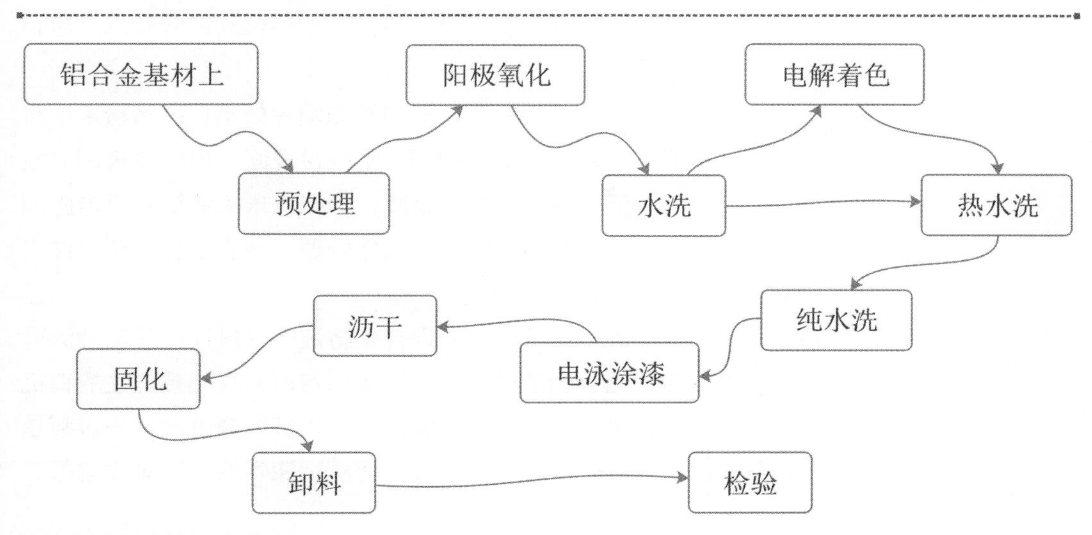

↑电泳涂漆处理工艺流程图

3. 喷涂处理工艺

铝合金型材喷涂处理包括粉末喷涂处理和静电液相喷涂处理，而静电液相喷涂处理除了常用的氟碳漆喷涂处理外，还有丙烯酸漆喷涂处理和聚酯漆喷涂处理。这几种表面处理工艺工序大致相同，因此将对此处理工艺进行简单的综合介绍。

（1）预处理。表面预处理一般采用脱脂和化学转化处理工艺。脱脂一般采用专用的脱脂剂进行处理，其目的是去除铝型材在挤压过程中表面附着的油脂、污垢和残屑等，并可去除型材表面的氧化膜。化学转化处理一般采用铬化处理或磷-铬化处理，其目的是在基材表面形成一层化学转化膜（如铬化膜或磷-铬化膜），以增强基材与涂层之间的附着性，并对基材起到保护作用。

（2）干燥处理。干燥的目的是将预处理过程中所带的水分去除。干燥的方式一般有两种，一种是自然干燥，另一种是高温干燥。自然干燥，干燥时间长，效率较低，企业很少采用；大部分企业都是采用高温干燥，高温干燥时应控制好干燥温度，一般铬化处理后的干燥温度不应高于65℃。磷-铬化处理的干燥温度不应高于85℃，如果温度过高将会使化学转化膜过分失水而遭到破坏。

（3）喷涂处理。静电粉末喷涂处理，是将粉末涂料通过粉末喷涂枪涂到铝合金型材表面，形成具有保护性和装饰性的有机聚合物膜。静电粉末喷涂是对喷枪施加负高压，对被涂工件做接地处理，使之在喷枪和工件之间形成高压静电场。

静电液相喷涂处理，是将液体涂料通过静电喷涂枪涂到铝合金型材表面，形成具有保护性和装饰性的有机聚合物膜。对于丙烯酸漆喷涂和聚酯漆喷涂，一般都是刷涂，即形成一层漆膜，而氟碳漆喷涂一般需要进行二涂、三涂或四涂处理。

铝合金基材上 → 预处理 → 干燥处理 → 喷涂处理 → 烘烤固化 → 检验

↑喷涂处理工艺流程图

↑静电粉末

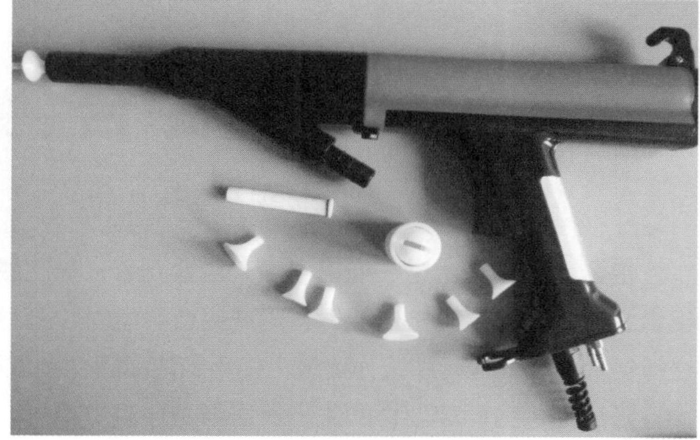

↑静电粉末喷涂枪

图解小贴士

铝合金窗与塑钢窗对比

（1）铝合金窗与塑钢窗分别适用于不同建筑的使用，塑钢窗适用于一般低层住宅，而铝合金窗适用于高层建筑，相对而言铝合金窗对质量及各方面要求较高。

（2）两者材质不一样，塑钢窗经过长时间的使用容易发生变形，存在一定的使用安全隐患，且密封性能不如高性能铝合金窗。

（3）铝合金窗价格通常比塑钢窗的价格要高一些，但是铝合金窗的使用寿命较塑钢窗的使用寿命要长，性价比要高。

↑铝合金材质强度高，结构简单，外表色彩丰富多彩，质地丰富。

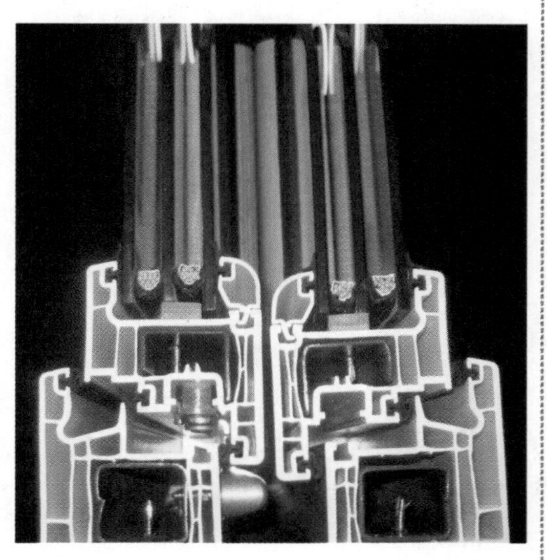

↑塑钢材质只身强度不够，内部带有钢衬，结构复杂，外表色彩以白色为主，色彩单一。

2.5 正确选择铝合金型材

铝合金门窗型材是在纯铝中加人合金元素，配比成各种型号的铝合金，再将配比好的铝合金铸锭进行高温挤压成形，形成铝合金型材（基材），然后再对铝合金型材（基材）进行各种表面处理，即成为建筑上使用的成品铝合金型材，即普通铝合金型材。

隔热铝合金门窗型材的生产流程与上述基本相同，只是在形成成品铝合金型材之前加入隔热材料的工序。此工序的加入有两种情况，一种情况是在表面处理之前，将隔热材料加人到铝合金型材当中，使两部分铝合金型材通过隔热材料结合在一起形成复合型材，然后再进行表面处理，成为成品隔热铝合金型材；另一种情况是在表面处理之后，将隔热材料加人到铝合金型材当中，使两部分铝合金型材通过隔热材料结合在一起，成为成品隔热铝合金型材。

↑隔热铝合金用于地下通道楼梯顶棚

↑隔热铝合金用于住宅户外阳光房

1. 隔热铝合金型材

隔热铝合金型材内、外层由普通铝合金型材组成，中间由低导热性能的非金属隔热材料连接成隔热桥的复合材料，简称隔热型材。随着我国建筑节能要求的需要，铝合金节能门窗的使用量快速增加，隔热铝合金型材的产量也大幅增加。隔热铝合金型材的生产方式主要有以下三种：

（1）浇注式隔热铝合金型材。把隔热材料浇注到铝合金型材的隔热腔体内，经过固化，去除断桥金属等工序形成隔热桥，来阻隔热量的传导。浇注式隔热铝合金型材把铝合金强度高的特点与 PU 树脂导热系数低的特性巧妙的结合，优势互补，形成了新型的隔热铝合金型材产品。

（2）穿条式隔热铝合金型材。采用条形隔热材料与铝型材通过机械开齿、穿条、滚压等工序形成隔热桥，称为穿条式隔热型材。采用机械加工的方法，把两部分型材通过隔热条进行连接，连接的隔热条起到隔热断桥的作用。

（3）浇注辊压一体隔热铝合金型材。浇注辊压一体隔热铝合金型材是采用机械加工的方法，把两部分型材通过隔热条进行连接，在连接的隔热条腔内浇注PU树脂起到双效隔热断桥的作用。

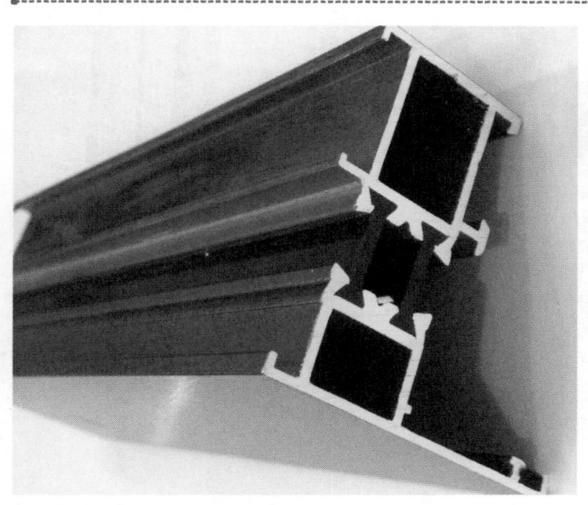

↑隔热断桥铝型材（断桥铝）

↑断桥铝门窗用斜T形尼龙隔热条（尼龙塑）

2. 铝木复合型材

铝木复合型材指室外侧使用铝合金型材与室内侧使用木材两者之间通过连接卡件、穿压或螺钉等连接方式复合在一起，具有隔热功能与装饰效果的型材。

铝木复合型材集铝合金型材与木材的优点于一身，室外部分采用铝合金，成型容易，寿命长，色彩丰富，表面处理方式多样（粉末喷涂、氟碳喷涂、阳极氧化、电泳涂漆），防水、防尘、防紫外线。室内采用经过特殊工艺处理的高档优质木材，颜色多样，花纹结构繁多，能与各种室内装饰风格相协调，起到很好的装饰作用。从断面结构上区分，铝木复合型材可分为铝包木和木包铝两种。

（1）铝包木系列铝木复合型材。铝包木以木材为主材，外扣铝合金型材，铝型材为辅，主要起到增强型材的耐候性作用。生产必须采用专用设备和专有技术且生产工序复杂，木材用量较大，再加上异地安装、售后服务等，因此成本较高。铝包木系列铝木复合型材以木材为主，因此其型材的性能及以其生产的门窗性能和木门窗相近。

（2）木包铝系列铝木复合型材。以铝合金型材为主材， 内侧复合木型材，木材主要起到内装饰作用和增强保温性能。采用简单木材加工设备和铝合金窗加工设备就可以生产，且生产工序并不复杂，木材用量较小，因此成本较低。木包铝系列铝木复合型材以铝合金型材为主，因此其型材的性能及以其生产的门窗性能和铝合金门窗相近。铝木复合型材除具有铝合金型材的优点外，还具有较强的装饰性能和更好的保温性能。其具有较高的性能和较高的产品价格，因此属于高档门窗用型材。

↑铝木复合型材

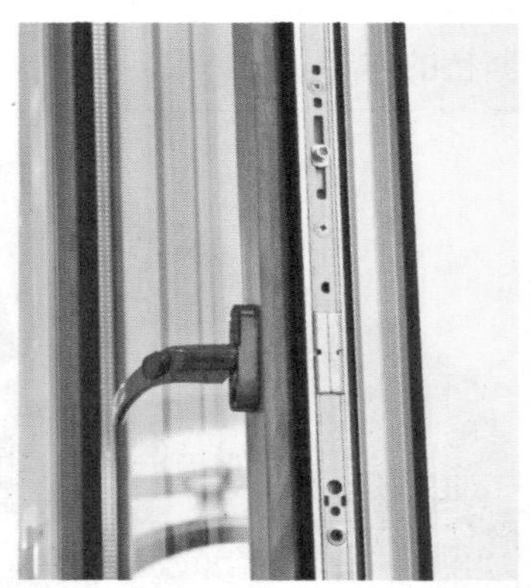

↑铝木复合门窗

3. 铝合金门窗型材的选择

隔热型材的内外两面的型材可以是相同的，也可以是不同的。但受地域、气候的影响，考虑到隔热材料和铝型材的膨胀系数的差距较大，在热胀冷缩时两者之间会产生较大应力和间隙，且隔热材料和铝型材组合成一体时，同样和铝材一样受力，所以要求隔热材料必须有与铝合金型材相接近的膨胀系数、弹性模量、抗拉强度和抗弯强度，否则就会使隔热桥遭到断开和破坏。因此，隔热材料的选用非常重要。

↑隔热条与型材紧密连接，可以有效减少热传导与热辐射

隔热型材被应用于新一代铝合金环保节能门窗，主要是针对传统铝合金导热性高、隔热性差、产品单一这些问题，采用隔热型材和中空玻璃制作而成的新型门窗，主要有以下几个优点：

（1）水密性、气密性好。新型铝门窗采用防风雨设计，使其抗风压及气密性能够达5级以上，水密性能达到5级以上。

（2）节能、防止结露。非金属隔热材料的使用，有效地阻止了门窗室内外的热量传导，可节约能源45%以上，而且门窗室内表面温度与室温接近，降低了室内因水分过饱和而产生的门窗结露现象。

（3）环保、舒适。采用厚度不同的中空玻璃和隔热铝型材的多型腔结构，能够有效地降低声波的共振效应，阻止声音的传递，营造一个安详、舒适的居室环境。同时节约能源，可减少空调和暖气设备的使用，且铝合金可以回收再利用、无污染。

（4）可装饰性能。隔热型材内表面采用不同的表面处理方法，配以不同的色彩，装饰出室内外不同风格的装饰效果。

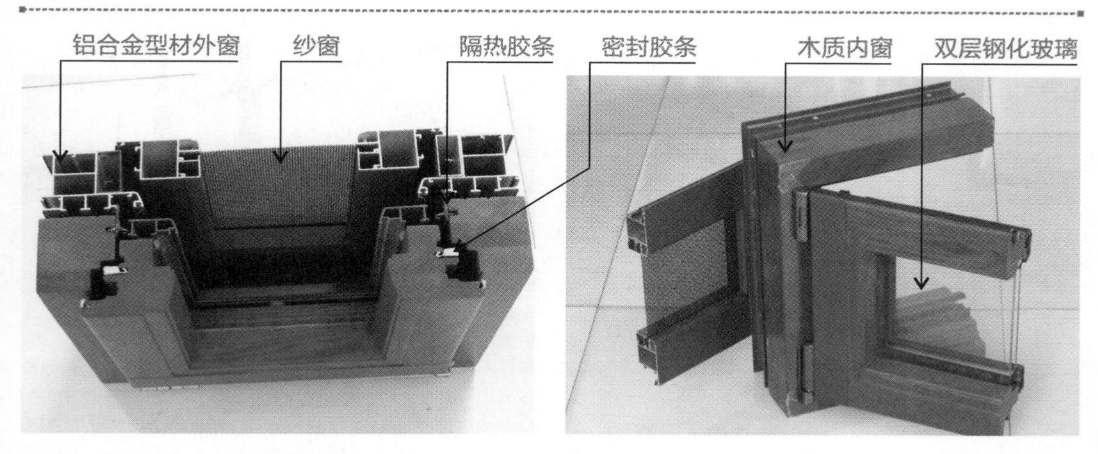

↑铝木复合金刚砂一体窗这款窗型满足了中高端客户的需求，既能防蚊防虫，还能起到防盗的作用，而且不影响美观。金刚纱窗与整体铝框连为一体，安全防护、预防坠窗、隐形通透，真正体现了防盗、防蚊、通风换气的性能。清洗也很便捷，只要一块抹布或普通毛刷稍加护理即可光亮如新。适用于写字楼、别墅、高档小区等地方。

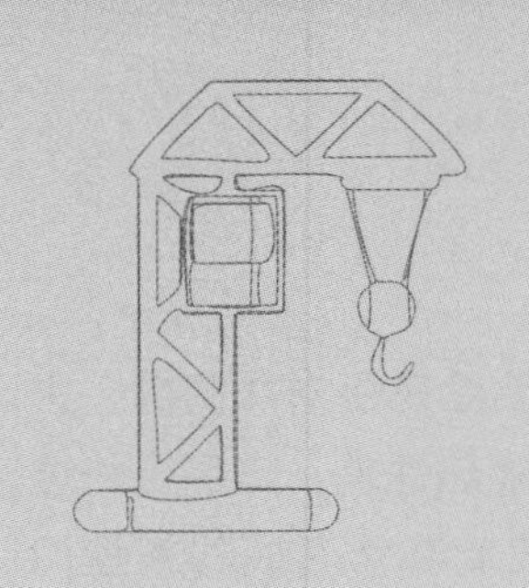

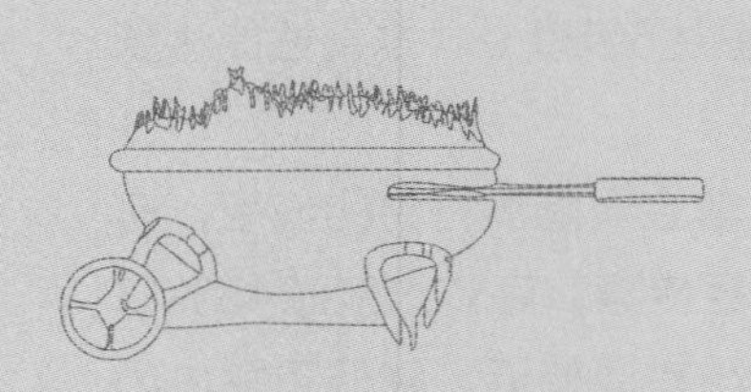
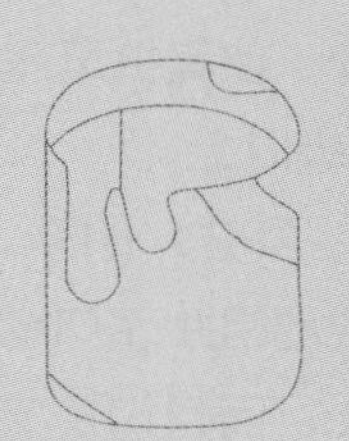
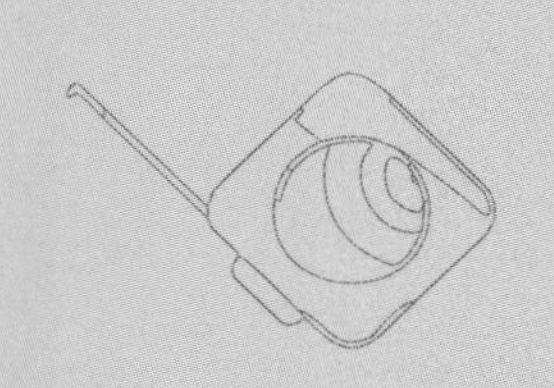
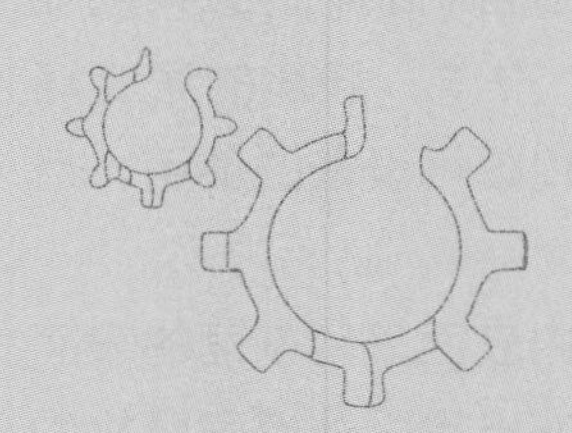
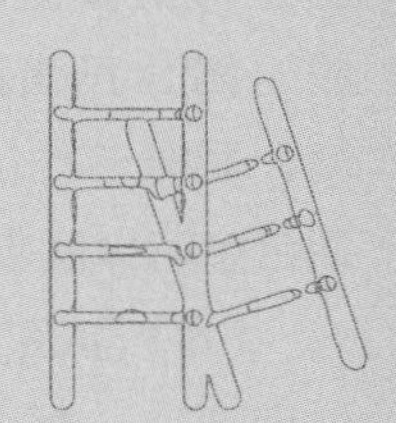

门窗作为建筑物的眼睛，同时又兼有建筑室内、外装饰两重性，还要符合建筑装饰要求。优质门窗不仅能使建筑物来节能保温，还能满足人们的日常生活要求，为人们提供一个舒适、宁静的室内环境。铝合金门窗的工程设计首先是门窗性能的建筑设计，以满足不同气候条件下的建筑物使用功能要求为目标。

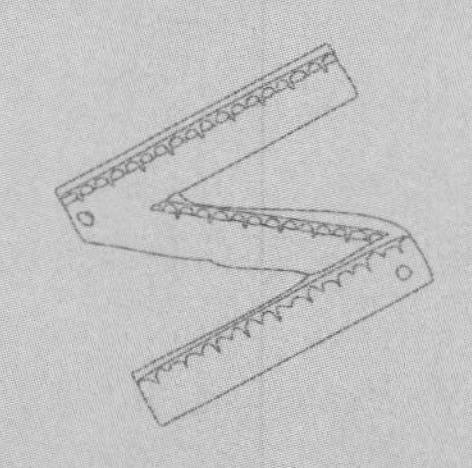

Chapter 3 铝合金门窗设计

识读难度：★★★☆☆

3.1 门窗外观设计

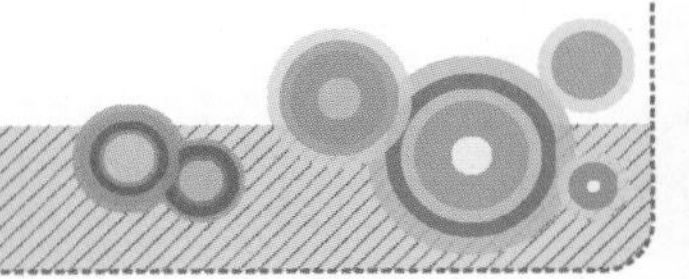

铝合金门窗作为建筑围护结构，不仅要与建筑物的功能结合在一起，还要与建筑物的风格、造型、色彩等结合起来与整栋建筑搭配协调。因此，铝合金门窗的材料、线条、分格方案等要满足建筑物的功能设计和美学艺术的要求，形成与建筑物造型、美学艺术、建筑环境紧密结合的统一体。铝合金门窗的立面造型、质感、色彩等应与建筑外立面及周围环境和室内环境协调。

↑铝合金建筑围护结构

↑铝合金门窗作为建筑围护结构

1. 设计考虑因素

铝合金门窗产品设计时，要考虑以下三方面的因素。

（1）使用环境、建筑风格与构造类型。地理位置、气候条件、生活习惯及开启方式对铝合金门窗的要求，及建筑构造、颜色、造型、分格方式、民用或商用对铝合金门窗的要求。

（2）物理性能、隔热节能。建筑物的性能设计要求提出对铝合金门窗的物理性能要求，及建筑物的节能设计对铝合金门窗型式、玻璃选用、配件等的要求。

（3）使用耐久性、造价成本。铝合金门窗应满足设计规定的耐久性要求，及建筑物造价成本的要求。

↑根据使用环境、建筑风格设计铝合金门窗

2. 建筑风格与构造设计

近年来，人们为满足采光、观景、装饰等要求，建筑门窗尺寸越来越大，不少住宅建筑甚至安装了玻璃幕墙。人们在追求通透、明亮的大立面、大分格、大开启窗的同时，应协调好大立面窗与保温隔热节能的关系。我国居住建筑和公共建筑节能设计标准均对窗墙面积比有相关的规定，铝合金门窗的高、宽构造尺寸应根据天然采光设计确定的房间有效采光面积和建筑节能要求的窗墙面积比等因素综合确定。

铝合金门窗的立面分格尺寸应根据开启扇允许最大高、宽尺寸，并考虑玻璃原片的成材率等综合确定。门窗的立面分格尺寸大小要受其最大开启扇尺寸和固定部分玻璃面板尺寸的制约。开启扇允许的最大高、宽尺寸由具体的门窗产品特点和玻璃的面积决定，不能盲目决定。

↑建筑玻璃幕墙

↑室内落地门窗

图解小贴士

幕墙分格尺寸规范

幕墙立面分格尺寸指幕墙分格后横竖线之间的尺寸。分格尺寸的大小应保证幕墙的受力杆件与面板满足强度、刚度的设计规范要求。

（1）按照一般人双手习惯性寻求支撑的位置来设计，水平分格线宜从室内地面量起0.9～1.1m处设置。注意从室内地面量起1.5m左右不宜设置水平分格线，同时应尽量避免在1.5m高度处设置分格线，为避免遮挡人的视线，在此高度应尽可能的不设置横梁。

（2）优先选用0.6m、1.2m、1.8m、2.4m、3.6m这样的可以满足多重基本建筑模数的数值。例如：1.2m、2.4m是最常用的数值，它与玻璃原片的标准尺寸（2440mm×3660mm）、常用板材的标准尺寸（1220mm×2440mm）相吻合。

（3）开启窗扇宜设置在室内地面0.9～1.5m之间的位置中。

（4）玻璃采光顶玻璃尺寸宜控制在2m以内，防止玻璃往下滴水。

↑整体玻璃幕墙

↑局部玻璃幕墙

3. 铝合金门窗形式与外观设计

铝合金门窗的开启形式不同，其适合的环境也不同。在进行门窗窗型设计时，应按工程的不同要求，尽可能选用标准窗型，以达到方便设计、生产、施工和降低产品成本的目的。同时，窗型的设计应考虑不同地区、环境和建筑类型，并满足门窗抗风压性能、水密性能、气密性能和保温性能等物理性能要求。门窗的窗型及外观设计应与建筑外立面和室内环境相协调，并充分考虑其安全性，避免在使用过程中因设计不合理造成损坏，引发危及人身安全的事件。

↑翻转开启的天窗

↑向左移动开启的隔断门

4. 形式设计

铝合金门窗的形式设计包括门窗的开启构造类型和门窗产品规格系列两个方面。铝合金门窗的开启构造类型很多，但归纳起来大致可将其分为旋转式（平开）开启门窗、平移式（推拉）开启门窗和固定门窗三大类。其中旋转式开启门窗主要有：外平开门窗、内平开门窗、内平开下悬门窗、上悬窗、中悬窗、下悬窗、立转窗等；平移式开启门窗主要有：推拉门窗、上下推拉窗、内平开推拉门窗、提升推拉门窗、推拉下悬门窗、折叠推拉门窗等。

各种门窗又有不同的系列产品，例如：常用的平开窗有40系列、45系列、50系列、

60系列、 65系列等，推拉窗有70系列、90系列、95系列、100系列等。采用何种门窗开启构造形式和产品系列，应根据建筑类型、使用场所要求和门窗窗型使用特点来确定。

铝合金门窗形式

门窗形式	图　例	特　　点
外平开门窗		广泛使用，构造简单、使用方便、气密性、水密性较好，通常可达4级以上，造价相对低廉，适用于低层公共建筑和住宅建筑。不适用高层建筑使用，易发生窗扇坠落事故。采用滑撑作为开启连接配件
内平开门窗		采用合页作为开启连接配件，并配以撑挡确保开启角度和位置。构造简单，使用方便，气密性、水密性较好，造价低廉，同时相对安全，适用于各类公共建筑和住宅建筑
推拉门窗		节省空间，开启简单，造价低廉，但水密性能和气密性能相对较差，一般只能达3级左右，在要求水密性能和气密性能高的建筑上不宜使用。适用于水密性能和气密性能要求较低的建筑外门窗和室内门窗
上悬窗		上悬窗通常采用滑撑作为开启连接配件，另配撑挡作开启限位，紧固锁紧装置采用七字执手或多点锁
内平开下悬门窗		具有复合开启功能，综合性能高。通过操作联动执手，分别实现门窗的内平开和下悬开启。当其下悬开启时，在实现通风换气的同时，还能避免大量雨水进入室内和阻挡部分噪声，造价相对较高
推拉下悬门窗		一款具有复合开启功能的窗型，可分别实现推拉和下悬开启，以满足不同的用户需求，综合性能高，配件复杂，造价高，用量相对较少

续表

门窗形式	图　例	特　　点
折叠推拉门窗		采用合页将多个门窗扇连接为一体，可实现门窗扇沿水平方向折叠移动开启，满足大开启和通透需要

5. 外观设计

铝合金门窗外观设计一览	
外观设计形式	设计要求
铝合金门窗色彩	铝合金门窗色彩搭配是影响建筑立面和室内装饰效果的重要因素，选择时应综合考虑建筑物的性质和用途、建筑物立面基准色调、室内装饰要求、门窗造价等，同时要与周围环境相协调
铝合金门窗造型	铝合金门窗可按建筑的需要设计出各种立面造型，如平面形、折线形、弧形等。在设计铝合金门窗的立面造型时，应综合考虑与建筑外立面及室内装饰相协调，同时考虑生产工艺和工程造价。例如：制作弧形门窗需将型材和玻璃拉弯，造成玻璃成品率低，甚至在门窗使用期内造成玻璃不时爆裂，影响门窗的正常使用，其造价也比其他造型门窗的造价高。所以在设计门窗的立面造型时，应综合考虑装饰效果、工程造价和生产工艺等因素，以满足不同的建筑需要
铝合金门窗立面分格设计	门窗立面分格要符合美学特点，分格设计时，主要根据建筑立面效果、建筑采光通风和视野、房间间隔等建筑装饰效果多方面因素合理设计。同一房间、同一墙面门窗的横向分格线条要尽量处于同一水平线上，竖向线条尽量对齐。在主要的视线高度范围内（1.5～1.8m）最好不要设置横向分格线，以免遮挡视线。分格比例要协调，长宽比宜按接近黄金分格比来设计，而不宜设计成正方形和长宽比达1：2以上的狭长矩形。门窗立面分格既要有一定的规律，又要体现变化，还要在变化中求规律，分格线条疏密有度；等距离、等尺寸划分显示了严谨、庄重；不等距划分则显示韵律、活泼和动感

6. 性能设计

铝合金门窗性能设计一览	
性能项目	设计要求
水密性能和气密性能设计	（1）铝合金门窗框扇组角时应涂抹断面胶和组角胶； （2）加工产生的铝屑清洁干净后才拼装，防止组装时因铝屑产生缝隙，应用带防水垫圈且涂抹密封防漏剂的自攻螺丝进行紧固； （3）密封胶条应选用三元乙丙胶条，其角部连接必须用专用的三元乙丙胶水进行连接。遇合页部分和五金部位胶条也不应断开，应用密封材料作妥善的密封处理。若使用毛条摩擦式密封，则应采用中间带胶片的硅化密封毛条。密封胶条及毛条应保证在门窗四周的连接性，形成封闭的密封结构； （4）组装完毕后，重新对整个窗型有拼接缝隙的地方用密封防漏剂进行填缝处理（禁止用玻璃胶作为填缝胶用，达不到立体密封作用）； （5）检查门窗密封防漏剂的渗透情况，有条件可做整窗的的淋水试验
抗风压性能设计	（1）根据受荷情况和支承条件必须采用结构力学方法进行抗风压性能计算； （2）落地门窗的强度和刚度不足时，应对其中的主受力柱加强处理； （3）高层建筑外门窗位置高度大于30m时，应按GB 511057《建筑物防雷设计规范》执行； （4）对于风压比较大的地区，应对受作用的不锈钢抽芯铆钉的拉力及剪力进行校核； （5）对于大型平开窗的框、扇连接锁固配件的力也应计算，来确定锁点的个数。其力应不大于厂家提供的承受最小荷载值除以安全系数K（1.65）
隔热节能性能设计	（1）应优先考虑窗户的外遮阳（外卷帘、外百叶等），其次可采用窗户的内遮阳（如内卷帘、内百叶等），如其材质能反射热量，则与玻璃之间的距离不应小于50mm； （2）窗户本身隔热。如隔热断桥材料，中空玻璃，热反射（中空）玻璃，遮阳型LOW-E 中空玻璃等的选择
安全性能设计	（1）在人流量大、可能产生拥挤和儿童集中的公共场所的门和落地窗，必须采用钢化夹层玻璃等安全玻璃； （2）安装高度大于20m且人流量较多的地方的外窗，应采用安全玻璃； （3）推拉窗用于外墙时，必须有防止窗扇向室外脱落的装置； （4）高层建筑宜采用内开式窗或具有防脱落限位装置的推拉式窗； （5）无室外阳台的外窗台距室内地面高度小于0.9m时，必须采用安全玻璃并加设可靠的防护措施（栏杆），窗台高度低于0.6m的凸窗，其计算高度应从窗台面开始计算

3.2 门窗结构设计

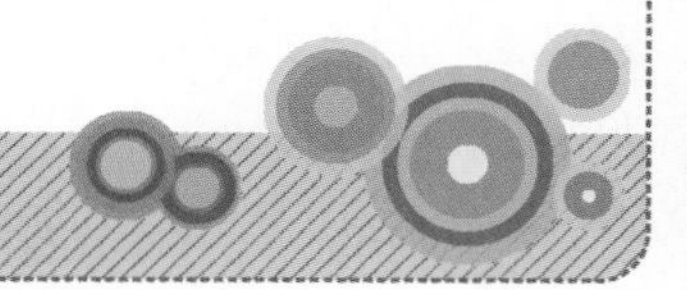

铝合金门窗作为建筑外围护结构的组成部分，必须具备足够的刚度和承载能力。除此之外，其自身结构、门窗与建筑安装洞口连接之间，还须有一定的变形能力，以适应主体结构的变位。铝合金门窗构件在实际使用中，将承受自重以及直接作用于其上的风荷载、地震作用、 温度作用等，需充分考虑铝合金门窗的结构设计因素。

↑铝合金天窗结构

←铝合金门窗作为建筑外围护结构

1. 材料的力学性能

在其所承受的这些荷载和作用中，风荷载是主要的作用，其数值可达 1.0～5.0kN/m²。地震荷载方面，根据GB 50011—2016《建筑抗震设计规范》规定，非结构构件的地震作用只考虑由自身重力产生的水平方向地震作用和支座间相对位移产生的附加作用，采用等效力方法计算。由于门窗自重轻，即使按最大地震作用系数考虑，门窗的水平地震荷载在各种常用玻璃配置情况下的水平方向地震作用力一般在0.04～0.4kN/m²的范围内，其相应的组合效应值仅为0.26kN/m²，远小于风压值。在构造上可以采取相应措施有效解决，避免因门窗构件间挤压产生温度应力造成门窗构件破坏，如门窗框、扇连接装配间隙，玻璃镶嵌预留间隙等。

↑推拉门变形

↑铝合金天窗结构

图解小贴士

玻璃与门窗间隙处理办法

（1）门窗间隙防治措施。使用玻璃垫块处理相应的间隙，避免扇面变形，影响使用。玻璃就位前应检查垫块的位置，防止因碰撞、振动造成垫块脱落，位置不准，堵塞排水孔道。设定的垫块位置，以固定玻璃确保四周缝隙均匀为宜。其中在安装竖框中的玻璃时需要放置两块承重垫块，搁置点离玻璃垂直边缘的距离为玻璃宽度的1/4且不小于150mm；玻璃垫块应选用那氏硬度80度的硬橡胶，宽度要大于所支撑的玻璃厚度，长度不小于25mm，厚度一般为2～6mm。裁割玻璃尺寸时要严格控制，玻璃尺寸与框扇内尺寸之差应等于2个垫块的厚度。

（2）玻璃安装松动，橡胶密封条脱落。安装玻璃前须仔细清除槽口内的杂物（砂浆、砖屑、木块等）；玻璃安放时须认真的对中，保证玻璃两侧间隙均匀；安装橡胶密封条时要确保下料长度比装配长度长20～30mm且不能拉得过紧。安装时应镶嵌到位，表面平直，与玻璃、玻璃槽口紧密接触，使玻璃周边受力均匀。在转角处橡胶条应做斜面断开，并在断开处注胶粘结牢固；最后用密封胶填缝固定玻璃时，应先用橡胶条或橡胶块将玻璃挤住，留出注胶空隙，注胶深度应不小于5mm，在胶固化前，应保持玻璃不受振动。

↑橡胶承重垫块

↑橡胶密封条松动脱落

2. 受力杆件设计

受力杆件设计一览	
受力杆件项目	设计要求
杆件的基本受力形式	杆件的基本受力形式按其变形特点可归纳为以下5种：拉伸、压缩（柱）、弯曲（梁）、剪切（铆钉、焊缝）和扭转（转动轴），它们分别对应拉力、压力、弯矩、剪力和扭矩。一般从3个方面来计算或者验算结构构件，即杆件的强度、刚度和稳定性
强度	金属材料在外载荷的作用下抵抗塑形变形和断裂的能力称为强度。按外力作用的性质不同,主要有屈服强度、抗拉强度、抗压强度、抗弯强度等。结构杆件在规定的荷载作用下，保证不因材料强度发生破坏的要求，称为强度要求。即必须保证杆件内的工作应力不超过杆件的许用应力，满足公式σ = N/A≤[σ]
刚度	刚度指结构或构件抵抗变形的能力，包括构件刚度和截面刚度。按受力状态不同可分为轴向刚度、弯曲刚度、剪变刚度和扭转刚度等。对于构件刚度，其值为施加于构件上的力（力矩）与它引起线位移（角位移）之比。对于截面刚度，在弹性阶段，其值为材料弹性模量或剪变模量与截面面积或惯性矩的乘积。剪变模量是材料在单向受剪且应力和应变呈线性关系时，截面上剪应力与对应的剪应变的比值：$G=\tau/\gamma$（τ为剪应力，γ为剪切角）。 在弹性变形范围内$G=E/2(1+u)$。结构杆件在规定的荷载作用下，虽有足够的强度，但其变形不能过大，超过了允许的范围，也会影响正常的使用，限制过大变形的要求即为刚度要求，即必须保证杆件的工作变形不超过许用变形，满足公式$u\leqslant[u]$
隔热节能性能设计	在工程结构中，有些受压杆件比较细长，受力达到一定的程度时，杆件突然发生弯曲，以致引起整个结构的破坏，这种现象称为失稳，又称丧失稳定性，因此受压杆件要有稳定的要求。对于铝合金门窗这类细长构件来说，受荷后起控制作用的首先是杆件的挠度，因此进行门窗工程计算时，可先按门窗杆件挠度计算选取合适的杆件，然后进行杆件强度的复核

3. 玻璃设计

在铝合金门窗设计中，玻璃的抗风压设计计算是非常重要的一部分。当铝合金门窗用于建筑物立面时，作用在玻璃上的荷载主要是风荷载。玻璃承受的风荷载作用可视作垂直于玻璃板上的均布荷载。门窗玻璃抗风压设计计算可依据JGJ 113—2009《建筑玻璃应用技术规程》规定进行。铝合金外门窗用玻璃的抗风压设计应同时满足承载力极限状态和正常使用极限状态的要求。对于门窗玻璃来说，超过承载力极限状态主要由于玻璃构件因强度超过极限值而发生破坏。

用于普通住宅与小型门窗的铝合金门窗玻璃厚度一般为5mm的钢化玻璃，5mm＋9mm＋5mm的中空玻璃也是由5mm钢化玻璃组成。公共空间落地门窗玻璃一般采用厚度为8mm以上的钢化玻璃。但是普通玻璃现在一般不采用，一旦破碎就会产生很大的安全隐患。

↑现代铝合金门窗型材通常使用5mm＋9mm＋5mm的中空玻璃，能满足日常极限状态。

↑现代铝合金幕墙一般使用10mm＋10mm夹胶钢化玻璃。

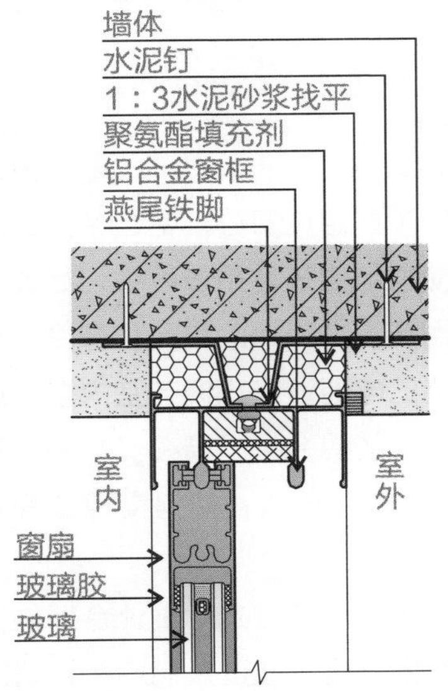

4. 连接设计

铝合金门窗构件的端部连接节点、窗扇连接铰链、合页和锁紧装置等门窗五金件和连接件的连接点，在门窗结构受力体系中相当于受力杆件简支梁和悬臂梁的支座，应有足够的连接强度和承载力，以保证门窗结构体系的受力和传力。

铝合金门窗各构件之间应通过角码或接插件进行连接，连接件应能承受构件的剪力。构件连接处的连接件、螺栓、螺钉和铆钉设计，应符合现行国家标准GB 50429—2007《铝合金结构设计规范》的相关规定。

↑连接部位安装示意图。不同金属相互接触处容易产生双金属腐蚀，所以当与铝合金型材接触的连接件采用与铝合金型材容易产生双金属腐蚀的金属材料时，应采用有效措施防止发生双金属腐蚀，可设置绝缘垫片或采取其他防腐措施。

3.3 门窗节能设计

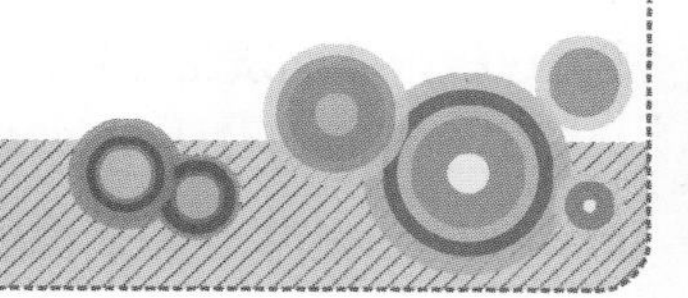

近年来，随着我国建筑节能意识的提高，传统铝合金门窗已不能满足人们的需求，各种新型建筑门窗得到广泛应用。传统铝合金门窗在功能方面尤其是热工性能方面指标不高，能源损失较大，在寒冷地区或炎热地区使用无法满足人们对理想室内温度的要求。新型节能铝合金门窗的出现，不但能保证夏季隔热，冬季保温，为人们提供一个舒适理想的室内环境，而且还降低能源消耗，达到环保的效果。

↑节能铝合金门窗建筑，镀膜玻璃具有一定的热反射效果。

↑节能铝合金门窗建筑，大面积为固定玻璃时能起到很好的密封效果。

建筑的节能包含很多方面，而铝合金门窗的节能是其中重要组成部分。铝合金门窗的节能主要是指通过产品的结构设计、材料的选用等措施，使建筑物在使用过程中，尽量减少能量的消耗而获得理想的温度环境和光线环境的过程。例如：在炎热的夏天和寒冷的冬天，人们为了获得舒适的室内环境，常常需要使用消耗电能的电器设施来调节室内温度环境。而窗的节能效果，直接影响到耗能的多少。一般而言，节能铝合金门窗在炎热的夏季应具有较好的隔热性能，在寒冷的冬季应具有较好的保温功能。那么，如何实现夏季隔热，冬季保温功能呢?

从以上三个要素看来，铝合金门窗的节能设计重点是在三种传热方式中设计合理的控制手段，以达到节能效果。而在影响铝合金窗的热工性能方面，可以通过控制传热和增加遮挡来实现节能。

铝合金门窗传热方式	
方　式	说　　明
对流传热	对流是通过门窗的密封间隙使热冷空气循环流动，通过气体对流使得热量交换，导致热量流失
导热	导热是指物体内部的热由高温侧向低温侧转移，导致热流失
辐射传热	主要是以射线形式直接传递，导致能耗损失

铝合金门窗节能方法一览	
方　法	说　　明
玻璃节能法	（1）玻璃是否镀膜：膜层材质可初步确定其节能效果，通常情况下，玻璃传热系数虽然没有明显的变化，但由于膜层对光（能量）的控制能力不同，使其节能效果依次增加； （2）玻璃结构形式：根据玻璃的结构形式可分为单层玻璃、中空玻璃、多层中空玻璃。其传热系数依次降低，即节能效果逐次增强。通过计算和实验数据显示，通常单片玻璃的传热系数K=6W/m^2·K左右，普通中空玻璃K=2.3～3.2W/m^2·K，而采用离线低辐射镀膜中空玻璃（中空层充惰性气体）K=1.4～1.8W/m^2·K； （3）可以采用贴节能膜方法，提高节能效果
铝合金断热型材节能法	根据断热铝型材加工方法的不同分为灌注式断热铝型材和穿条式断热铝型材。这两种形式的铝合金断热型材共同的特点都是在内、外两侧铝材中间采用有足够强度的低导热系数的隔离物隔开，从而降低传热系数，增加热阻值，以此达到节能目的
双（多）层结构体系节能法	（1）设计空气层的方法通常有充入惰性气体，加大空气腔或者增加空气腔体的数量（双中空）等； （2）充入的惰性气体，通常是氩气。惰性气体具有比干燥空气更低的导热性能，更稳定的化学结构，因此，常被用于高档中空玻璃空气层材料； （3）加大空气腔或者增加空气腔体的数量（双中空）能有效提高中空玻璃的热工性能，来达到节能的效果，但成本较高
遮阳体系节能法	由于铝合金门窗大面积采用玻璃，太阳的照射是辐射热。在铝合金门窗体系上融入遮阳技术也是节能的有效途径之一。在国外，已有系统的遮阳产品得到广泛应用，并取得显著节能效果，在国内也慢慢受到消费者的青睐

玻璃是铝合金门窗的另一主要材料，采用玻璃的目的是增加采光性能、隔声性能和提高窗户的安全性能、保温性能。因此，玻璃性能的好坏直接影响了铝合金门窗的性能。本章节将详细介绍平板玻璃、镀膜玻璃、中空玻璃、安全玻璃等这几种常见的玻璃品种，以帮助大家能够更好地了解和选购相应的门窗配套玻璃。

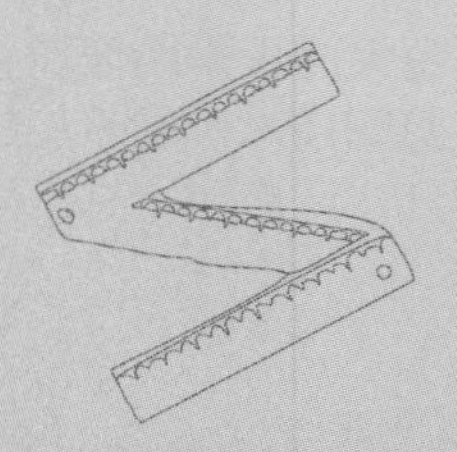

Chapter 4
门窗玻璃品种多

识读难度：★★☆☆☆

4.1 平板玻璃

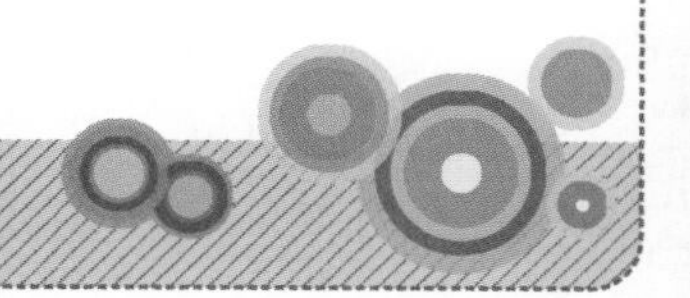

平板玻璃又称窗玻璃。平板玻璃具有透光、隔热、隔声、耐磨、耐气候变化的性能，有的还有保温、吸热、防辐射等特征，因而广泛应用于镶嵌建筑物的门窗、墙面、室内装饰等。由于平板玻璃集功能性和美观性于一体，而且十分多样化，所以被广泛地应用在各个领域。为了迎合不同的应用需求，衍生出了各种玻璃的表面处理方法。

↑普通平板玻璃

↑掺有金属着色剂的有色平板玻璃

1. 平板玻璃划分

平板玻璃种类多样，其厚薄不一，表面形态各异，可进行着色、表面处理、复合等各种复杂的工艺制作。而为了迎合不同的应用需求，因此衍生出了各种玻璃的表面处理方法及各种不同类型的玻璃。

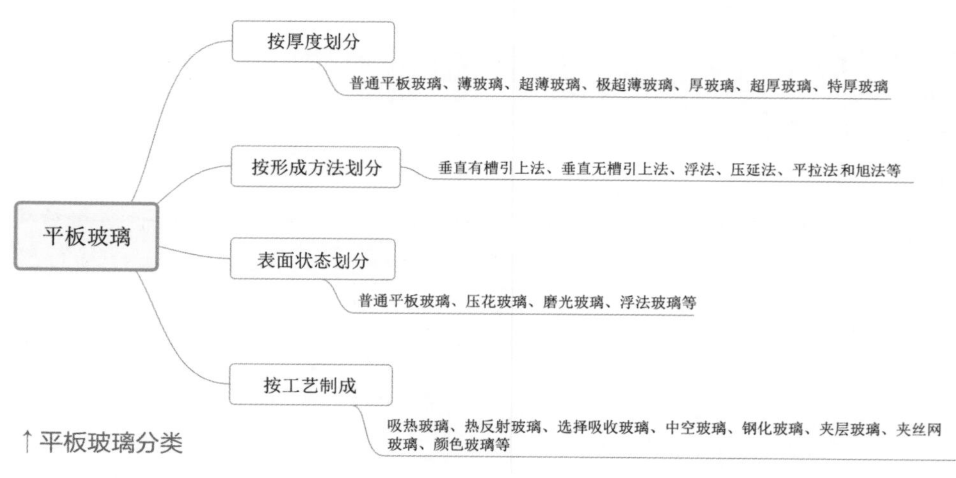

↑平板玻璃分类

图解小贴士

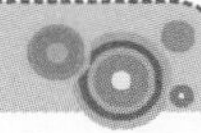

在称呼玻璃的厚度时，3～4mm玻璃，毫米（mm）俗称为“厘”。通常大家所说的3厘玻璃，就是指厚度3mm的玻璃。

（1）按平板玻璃厚度分类：普通平板玻璃、薄玻璃、超薄玻璃、极超薄玻璃、厚玻璃、超厚玻璃、特厚玻璃。根据GB 11614—2009《平板玻璃检验细则》规定，净片玻璃按其公称厚度，可分为2mm、3mm、5mm、6mm、8mm、10mm、12mm、15mm、19mm、22mm、25mm共12种规格，而不同厚度的平板玻璃，其用途也有一定差异。

玻璃厚度用途一览		
品　种	厚　度	用　　途
极超薄玻璃	<0.1mm	用于特殊电子设备屏幕与镜头等
超薄玻璃	1.5～0.1mm	用于普通电子设备屏幕等
薄玻璃	1.5～3mm	用于小幅面画框装裱、镜面等
普通玻璃	4～6mm	用于外墙窗、门扇等小面积透光构造
厚玻璃	7～9mm	用于室内屏风等较大面积且有框架保护的构造
较厚玻璃	10mm	用于室内大面积隔断、栏杆等装修
超厚玻璃	12～19mm	用于大尺寸玻璃隔断、建筑幕墙、银行柜台等
特厚玻璃	19～30mm	用于特殊建筑构造、工业器械、防爆器材等

（2）按平板玻璃的形成方法分类：垂直有槽引上法、垂直无槽引上法、浮法、压延法、平拉法等。

玻璃风化式样的成分　质量分数（%）												
品种	SiO_2	AL_2O_3	B_2O_3	Fe_2O_3	PbO	BaO	CaO	MgO	ZnO	Na_2O	K_2O	SO_3
垂直引拉玻璃	72.3	2.3		0.3			6.4	3.9		13.4	1.2	0.2
浮法玻璃	71.6	1.1		0.1			8.1	4.0		13.9	1.1	0.1
压延玻璃	71.7	1.1		0.2			11.1	1.6		13.8	0.3	0.2

续表

品种	SiO_2	AL_2O_3	B_2O_3	Fe_2O_3	PbO	BaO	CaO	MgO	ZnO	Na_2O	K_2O	SO_3
中铅玻璃	58.2				25.3					2.4	14.1	
显像管玻璃	66.0	3.5			3.0	10.0	1.3	0.7		8.0	7.5	
光学玻璃	68.9		10.1			2.8				8.8	8.4	
器皿玻璃	75.3		0.7				4.8		0.8	17.4	0.9	0.1

（3）按平板玻璃表面状态分类：普通平板玻璃、压花玻璃、磨光玻璃、浮法玻璃等。

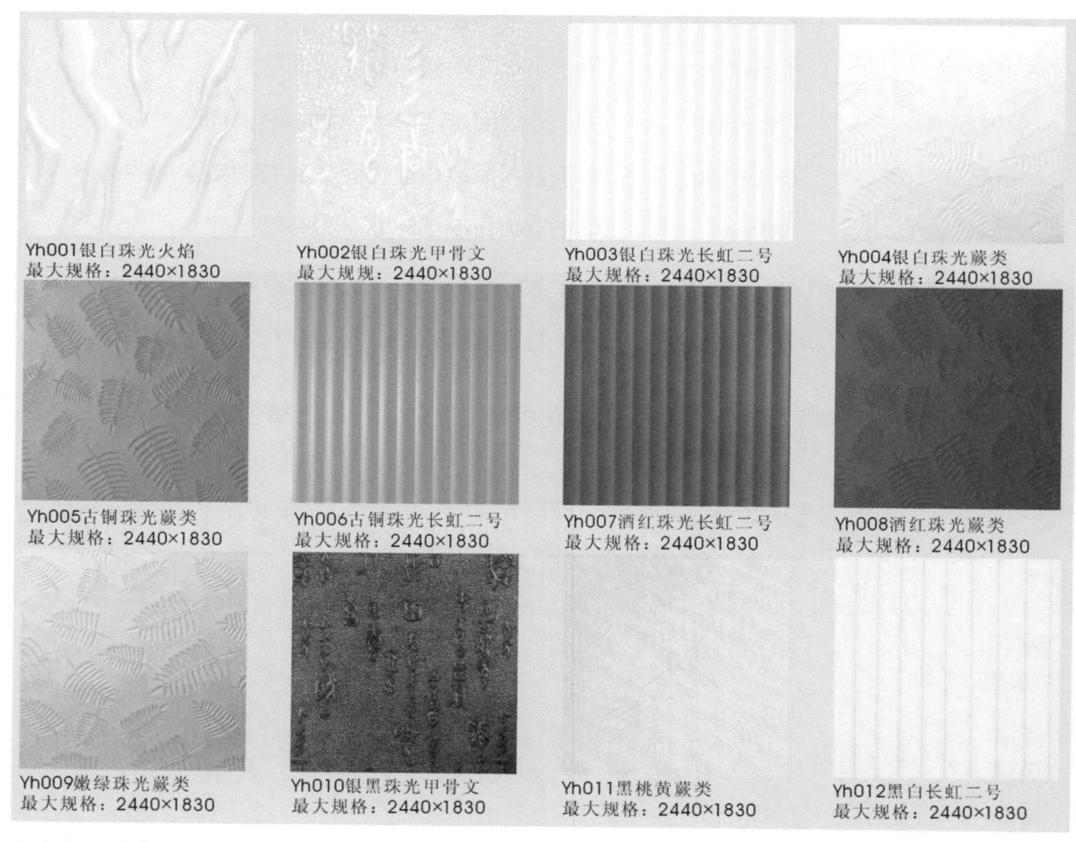

↑彩色压花玻璃

（4）按平板玻璃后期工艺制成分类：吸热玻璃、热反射玻璃、选择吸收玻璃、中空玻璃、钢化玻璃、夹层玻璃、夹丝网玻璃、颜色玻璃等。

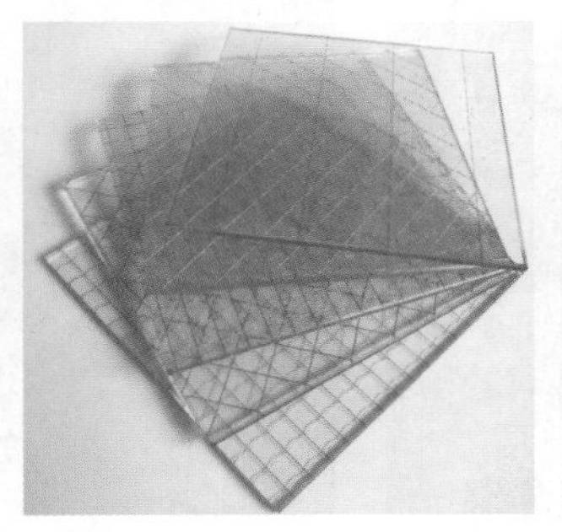

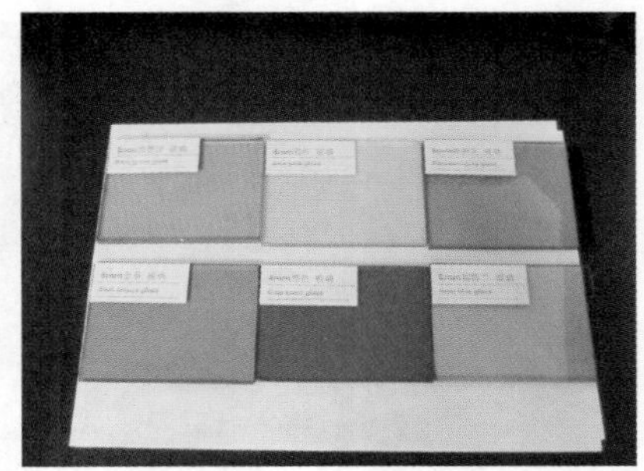

↑夹层玻璃

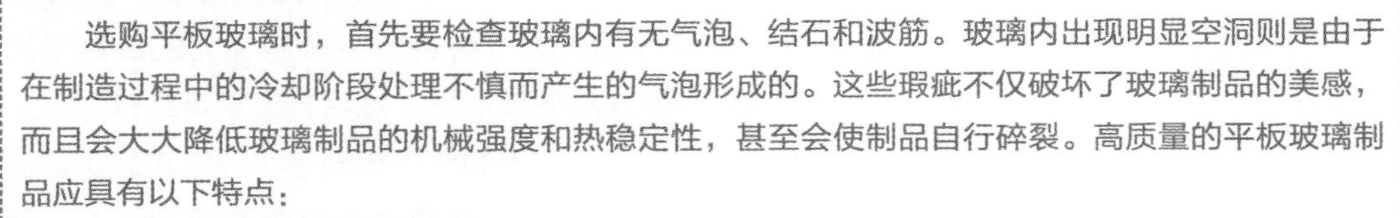

图解小贴士

挑选高质量的平板玻璃制品

选购平板玻璃时，首先要检查玻璃内有无气泡、结石和波筋。玻璃内出现明显空洞则是由于在制造过程中的冷却阶段处理不慎而产生的气泡形成的。这些瑕疵不仅破坏了玻璃制品的美感，而且会大大降低玻璃制品的机械强度和热稳定性，甚至会使制品自行碎裂。高质量的平板玻璃制品应具有以下特点：

（1）玻璃呈现无色透明的或稍带淡绿色，玻璃的薄厚均匀，尺寸大小规范合理。

（2）玻璃表面没有或少有气泡、结石和波筋、划痕等疵点。

（3）将两块相同的玻璃平放在一起，使之相互贴合，当两块玻璃拉开来时，若使很大的力气，则说明玻璃的平整度很好。

2. 平板玻璃的制作工艺

（1）传统制作。

1）手工成型。主要有吹泡法、冕法、吹筒法等，但是由于这些方法生产效率低，玻璃表面质量较差，已逐步被淘汰，只有在生产艺术玻璃时采用。

2）机械成型。主要有压延、有槽垂直引上、对辊（旭法）、无槽垂直引上、平拉和浮法等方法。

（2）新式制作。新式制作方法多样，其中浮法方式是将玻璃液漂浮在金属液面上制得平板玻璃的一种新工艺。

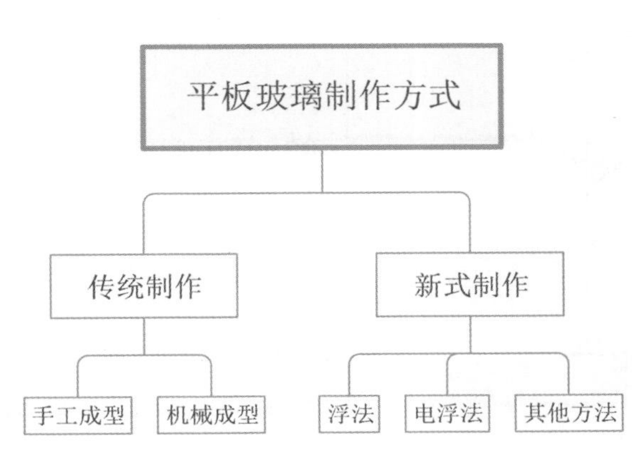

↑平板玻璃制作方式

↑传统手工吹制玻璃

↑传统机械制作玻璃

如果在金属锡液面上持续的流入玻璃液，一段时间后，在玻璃表面的张力、重力及机械拉引力的综合作用下，能得到不同厚度的玻璃带，然后将玻璃带经过退火、冷却等一系列的工序从而制成平板玻璃（浮法玻璃）。

还有一种电浮法。在锡槽内高温玻璃带表面上，让铜铅等合金作为阳极，锡液作为阴极，最后接通电流，那么各种金属离子能够使玻璃表面上色。或者设置热喷涂装置生产表面着色的颜色玻璃、热反射玻璃等。

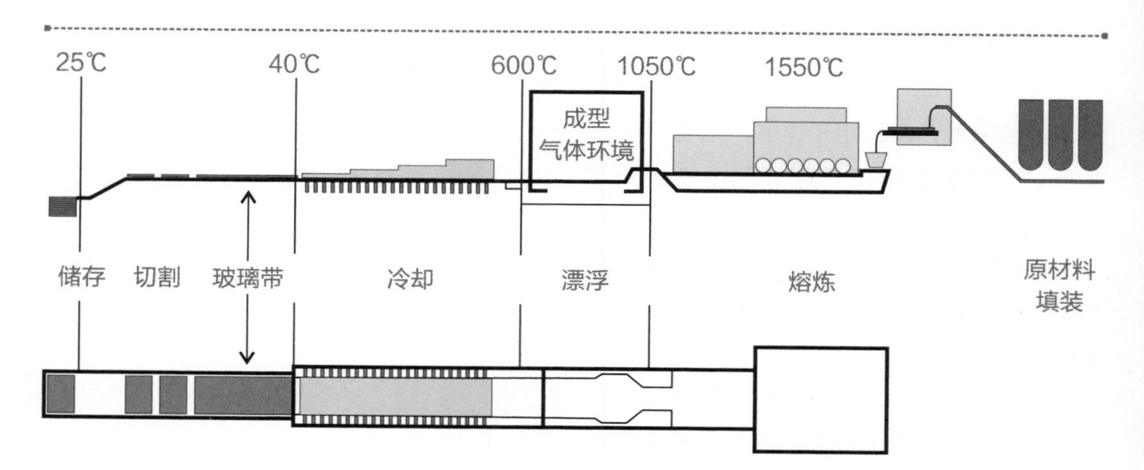

↑浮法玻璃的生产系统示意图

4.2 镀膜玻璃

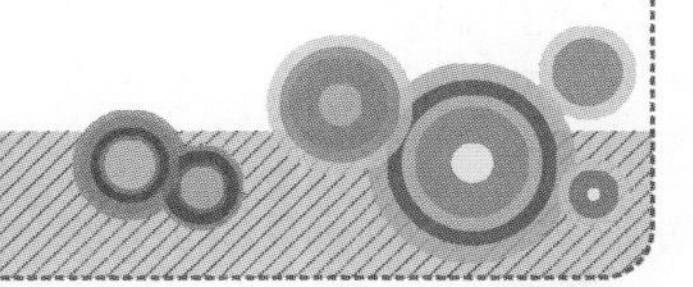

镀膜玻璃又称反射玻璃。镀膜玻璃是在玻璃表面涂镀一层或多层金属、合金或金属化合物薄膜，以改变玻璃的光学性能，满足某种特定要求。镀膜玻璃按产品的特性可分为：阳光控制镀膜玻璃、低辐射镀膜玻璃（又称Low-E玻璃）和导电膜玻璃等。目前，建筑门窗用镀膜玻璃主要是指阳光控制镀膜玻璃和低辐射镀膜玻璃两类。

↑中空镀膜玻璃

↑镀膜玻璃加工设备

1. 阳光控制镀膜玻璃

阳光控制镀膜玻璃又称热反射玻璃，对波长350～1800nm 的太阳光具有一定控制作用。主要用于建筑和玻璃幕墙。一般是在玻璃表面镀一层或多层诸如铬、钛或不锈钢等金属或其化合物组成的薄膜，使产品呈现丰富的色彩，对可见光有适当的透射率，对红外线有较高的反射率，对紫外线有较高的吸收率。与普通玻璃相比较，其主要作用是降低玻璃的遮阳系数，控制太阳辐射的透过性，提高了遮阳性能，但对传热系数改变不大。阳光控制镀膜玻璃表面镀层不同，颜色也不同，常见颜色有灰色、茶色、金色、纯金、银灰、黄色、蓝色、绿色、蓝绿、紫色、玫瑰红、中性色等。

阳光控制镀膜玻璃是典型的半透明玻璃，具有单向透视的特点，当膜层安装在室内一侧时，白天由室外看不见室内，晚上由室内看不见室外。在夏季光照强的地区，阳光控制玻璃的隔热作用十分明显，可有效衰减进入室内的太阳热辐射。但在无阳光的环境中,如夜晚或阴雨天气，其隔热作用与白玻璃无异。

↑阳光控制镀膜玻璃幕墙

↑阳光控制镀膜玻璃窗

2. 低辐射镀膜玻璃

低辐射镀膜玻璃又称Low-E玻璃，是一种对波长范围在4.5～25μm的远红外线有较高反射比的镀膜玻璃。低辐射镀膜玻璃是在玻璃表面镀由多层银、铜或锡等金属或其化合物组成的薄膜系，产品对可见光有较高的透射率，对红外线有很高的反射率，具有良好的隔热性能，主要用于建筑和汽车、船舶等交通工具。

低辐射镀膜玻璃（Low-E）根据不同型号，一般分为：高透型 Low-E玻璃、遮阳型 Low-E玻璃、双银型 Low-E玻璃。

（1）高透型 Low-E玻璃。

1）具有较高的可见光透射率，采光自然、效果通透，有效避免光污染。

2）具有较高的太阳能透过率，冬季太阳热辐射透过玻璃进入室内增加室内的热能。

3）具有较高的红外线反射率，优良的隔热性能，较低的传热系数。

适用范围：寒冷的北方地区，运用中空玻璃使节能效果更加优良。

（2）遮阳型 Low-E玻璃。

1）具有较低的太阳能透过率，有效阻止太阳热辐射进入室内。

2）具有适宜的可见光透过率和较低的遮阳系数，对室外的强光具有一定的遮蔽性。

3）具有较高的红外线反射率,限制室外的二次热辐射进入室内。

适用范围：南方地区，适用于各类型建筑物。从节能效果看，遮阳型Low-E玻璃不低于高透型Low-E玻璃，制作成中空玻璃节能效果更加明显。

（3）双银型 Low-E玻璃。

双银型 Low-E玻璃，因其膜层中有双层银层面而得名，膜系结构较复杂。它突出了玻璃对太阳热辐射的遮蔽效果，将玻璃的高透光性与太阳热辐射的低透过性巧妙地结合在一起。与普通 Low-E玻璃相比较，在可见光透射率相同的情况下，具有更低太阳能透过率。适用范围不受地区限制，适合于不同气候特点的地区。

↑阳光控制镀膜玻璃窗

金属氧（氮）化物 Ag
过渡层
金属氧（氮）化物
玻璃

↑单银Low-E玻璃

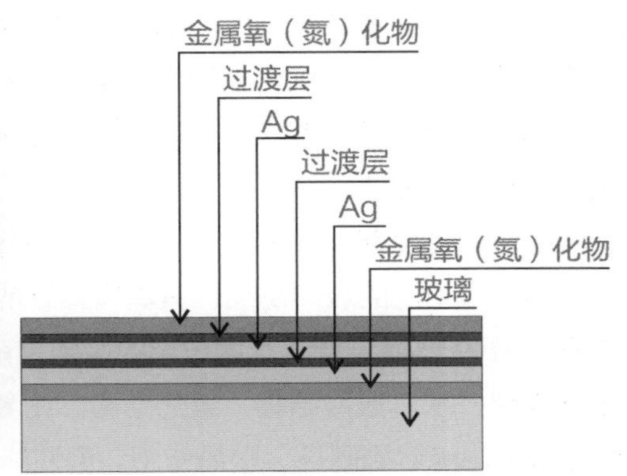

↑双银型Low-E玻璃

图解小贴士

导电膜玻璃

导电膜玻璃，即氧化铟锡透明导电膜玻璃，多通过ITO导电膜玻璃生产线，在高度净化的厂房环境中，利用平面磁控技术，在超薄玻璃上溅射氧化铟锡导电薄膜镀层并经高温退火处理得到的高技术产品。产品广泛地用于液晶显示器、太阳能电池、微电子导电膜玻璃、光电子和各种光学领域。也用于建筑外墙玻璃与铝合金门窗，通过通电来加热，让玻璃表面不产生水雾，保持长期透明的状态。

↑用于铝合金门窗的多层中空导电膜玻璃

↑导电膜玻璃有除雾功能，可用于汽车后视镜。

4.3 中空玻璃

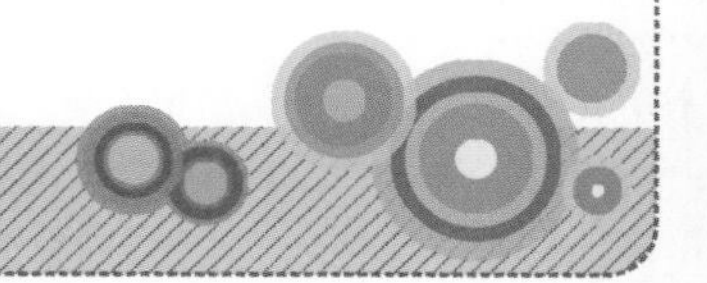

铝合金门窗玻璃品种繁多，生活中常用的有平板玻璃、钢化玻璃、夹层玻璃、镀膜玻璃、中空玻璃。随着建筑节能门窗的推广使用，作为建筑门窗主要原材料的玻璃应满足节能门窗的要求。因此，铝合金门窗常用玻璃中，单片的平板玻璃、镀膜玻璃、钢化玻璃、夹层玻璃不能满足铝合金门窗节能需求，但通过对它们进行深加工，可以生产出符合节能要求的产品中空玻璃。

中空玻璃是将两片或多片玻璃以有效支撑均匀隔开并且周边粘结密封，使玻璃层间形成有干燥气体空间的玻璃制品。其具有良好的隔热、隔声、美观适用的效果,并可降低建筑物自重。 中空玻璃与普通双层玻璃的区别是前者密封，后者不密封且灰尘、水汽很容易进入玻璃内腔，水汽遇冷结霜，遇热结露，附着在玻璃内表面的灰尘不能清除。双层玻璃在一定程度上也能起到隔声、隔热作用，但性能与中空玻璃相比较却相差甚远。

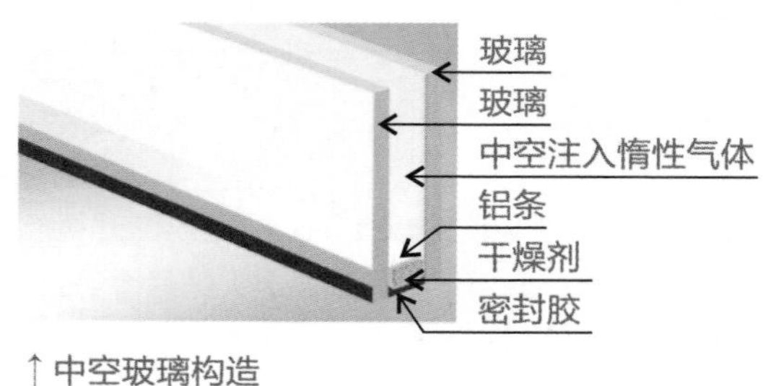

↑中空玻璃构造

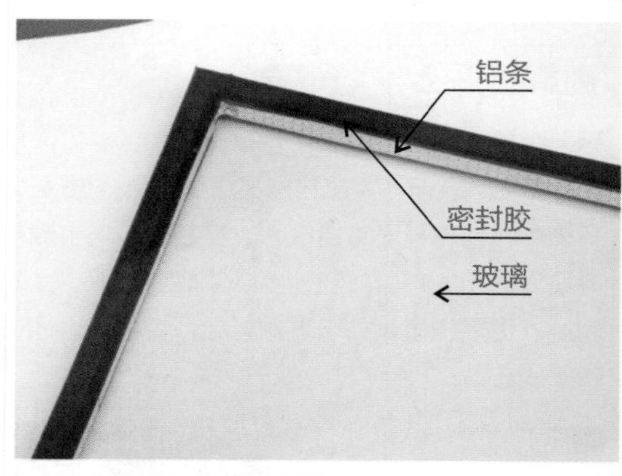

→中空玻璃外观

1. 中空玻璃的分类

（1）普通型。以浮法白玻璃为基片，以一个气塞为主的中空玻璃。它具有中空玻璃的三大基本功能，节能、隔声、防霜露。

（2）复合型。采用镀膜玻璃、安全玻璃或夹层玻璃等为基片，以一个气塞为主的中空玻璃。它除了具有3个基本功能外，还增加了安全性、装饰美化等功能。

↑普通型中空玻璃

↑复合型中空玻璃

2. 中空玻璃的生产方法

19世纪末期，中空玻璃生产技术最早来自于美国，并首先在美国得到了广泛应用。产品经历了焊接中空玻璃、熔接中空玻璃、胶接中空玻璃和一段时期内几种中空玻璃并存，发展到以胶接中空玻璃为主其他为辅的市场形式。

（1）焊接法。将两片或两片以上玻璃四边的表面镀上锡及铜涂层，以金属焊接的方法使玻璃与铅制密封框密封相连。焊接法具有较好的耐久性，但工艺复杂，需要在玻璃上镀锡、镀铜、焊接等热加工，设备多，生产需要用较多的有色金属，生产成本高，不宜推广。

（2）熔接法。采用高频电炉将两块材质相同玻璃的边部同时加热至软化，再用压机将其边缘加压，使两块玻璃的四边压合成一体，并在玻璃内的空腔中充入干燥气体。熔接法生产的产品耐久性好且不漏气。缺点是产品规格小，不易生产三层及镀膜等特种中空玻璃，选用玻璃厚度范围小，一般为3～4mm，难以实现机械化生产，产量低，生产工艺落后。

（3）胶接法。将两片或两片以上玻璃的周边用装有干燥剂的间隔框分开，并用双道密封胶密封。胶接法的生产关键是密封胶，典型代表为槽铝式中空玻璃。胶接

↑中空玻璃打胶机

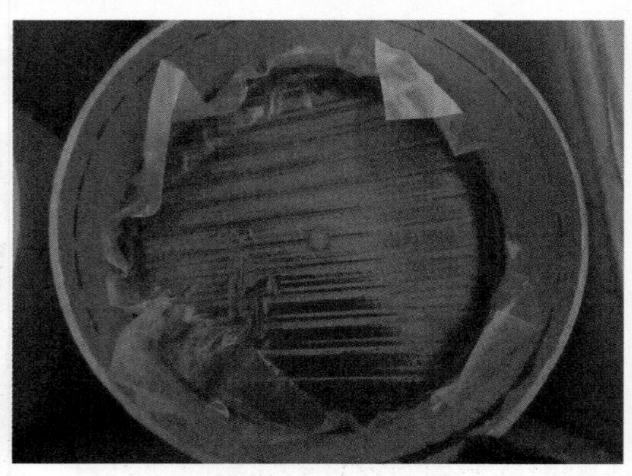

↑中空玻璃密封胶——丁基胶

法生产的产品适用范围广、生产工艺成熟且原材料在生产现场可以进行质量鉴定和控制。

（4）胶条法。将两片或两片以上玻璃四周用一条两侧粘有粘结条的胶条（胶条中加入干燥剂，并有连续或不连续波浪形铝片）粘结成具有一定空腔厚度的中空玻璃。典型代表为复合胶条式中空玻璃。

目前，国内市场上中空玻璃产品主要为槽铝式中空玻璃和胶条式中空玻璃，槽铝式中空玻璃生产工艺于20世纪80年代引入，相对成熟些，但是加工工艺较复杂。胶条式中空玻璃在国内起步较晚，但是生产工艺简单，推广很快。

↑中空玻璃密封胶条用于粘贴中空玻璃四周，同时还要用聚氨酯密封胶辅助。

↑中空玻璃内部要对空气抽出处理，面积较大的中空玻璃还要注入惰性气体，如氮气等。

3. 中空玻璃的性能特点

（1）隔热保温性能。能量传递的方式有3种：热辐射、热对流、热传导。其中，热辐射占热传递的50%～60%，热对流和热传导分别占20%～25%。中空玻璃的保温性能取决于其对热传导的阻隔。为了提高中空玻璃的保温性能还可以在中空玻璃空气腔中填充氩气、氪气等惰性气体，或采用三玻两腔不等厚的中空玻璃结构形式。

（2）隔声性能。普通中空玻璃可以使进入室内的噪声衰减30dB左右。通过选用非等厚玻璃，并且采用夹胶或无金属间隔条等措施可以使噪声衰减50dB左右。

（3）防结露、降低冷辐射和安全性能。由于中空玻璃内部存在着可以吸附水分子的干燥剂，在温度降低时，中空玻璃的内部不会产生凝露的现象，同时，中空玻璃的外表面结露点也会升高。中空玻璃的隔热性能较好，玻璃两侧的温度差较大，还可以降低冷辐射的作用。

（4）安全性能。使用中空玻璃，可以提高玻璃的安全性能，在使用相同厚度的原片玻璃的情况下，中空玻璃的抗风压强度是普通单片玻璃的1.5倍。

↑商场中空玻璃落地窗

↑室内中空玻璃窗

图解小贴士

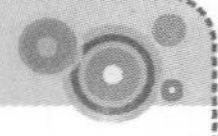

辨别中空玻璃的优劣

近年来，中空玻璃行业飞速发展，但由于国内中空玻璃基础理论缺失，加上一些材料商出于利益关系随意夸大宣传，使很多中空玻璃的实际使用寿命根本达不到时限就已经失效了。这样不但没有达到节能增效的目的，反而增加了很大的社会成本。下面介绍几种简单辨别中空玻璃优劣的方法。从成品中抽取任何一块中空玻璃，发现出现下列任何一种现象，大家就可以判定其为不合格产品，并且要求退货。

（1）在中空玻璃的二道密封上切一个小截面，检查截面是否存在一些小气孔，若出现这种情况，则有两种可能，一种是手工打胶，空气进入了密封胶中；另一种是二道密封胶机械打胶混入空气，从而产生气孔。这两种情况都会缩短玻璃的寿命。

（2）划开中空玻璃的四个连接角，检查丁基胶是否有效包裹了中空玻璃的所有连接角。若用丁基胶对4个边角进行了有效的包裹，那么透水的主要四个边角,其透水率为70%，而边部透水率才占30%。因此尽量采用连续弯管式铝条或者用丁基胶对四个连接角进行有效包裹，可以大大延长中空玻璃的使用寿命。

（3）将二道密封和玻璃黏结的两个截面划开，并撕开密封胶。若撕开后的玻璃表面比较光滑，且没有残留胶，则说明密封胶和玻璃表面没有黏结力，其密封效果较差或完全不能达到密封效果。

4. 中空玻璃密封胶的选择

建筑中使用中空玻璃的关键是解决密封结构和密封胶问题，而要科学、合理选择中空玻璃的密封结构和密封胶，必须了解各种中空玻璃密封胶的性能。

中空玻璃密封胶是指能黏结固定玻璃，使用时是非定型的膏状物，使用后经一定时间变成具有一定硬度的橡胶状的密封材料。目前中空玻璃用密封胶，主要有丁基胶、聚硫密封胶、聚氨酯密封胶和硅酮密封胶四种。

对于双道密封的中空玻璃，在选择密封胶方面目前认识趋于统一，即第一道密封采用热熔丁基密封胶，主要起密封作用；第二道密封则由聚硫密封胶或硅酮密封胶来完成，因其具有优良的弹性和对玻璃良好的黏结性能而起到辅助密封，并保持中空玻璃结构稳定的作用。硅酮、聚硫等弹性密封胶靠化学反应来达到黏合目的，而热熔丁基密封胶主要靠丁基橡胶、聚异丁烯等自身极低的水汽透过率，来实现其密封效果。

4.4 正确选用玻璃的原则

建筑玻璃的选用，要从玻璃的功能性、安全性和经济性3个方面综合考虑，合理地选择。不同玻璃的功能效果有很大的差异，根据安装环境及建筑高度等差异来选择合适的窗玻璃，达到建筑要求的效果，比如隔声、遮阳、安全、装饰等。

↑镀膜中空玻璃

↑吸热性玻璃

1. 建筑玻璃的功能性

传统的建筑玻璃只起到遮风挡雨和采光的传统作用。现代建筑玻璃品种繁多,功能各异，除具有传统的性能外，还具有透光性、反光性、隔声性、隔热性、防火性、电磁波屏蔽性等。

（1）透光性。通常情况下玻璃是透明的，玻璃用来采光正是基于它的透明。玻璃的透明是它的基本属性之一，而玻璃的透光性则与透明性是不同的概念，透光不一定透明。透光性使室内的光线柔和、恬静、温暖，若室内光线过强会让人感觉刺眼，使人不舒适，而玻璃的透光性可消除这些不利因素，同时增加隐蔽性。

例如，用压花玻璃装饰卫生间的门和窗，不但阻隔了外界的视线，同时也美化了卫生间的环境；用透光玻璃装饰的室内过道窗，透出淡淡的纤细柔光，朦胧中充满神秘感。可以说，现代化建筑正在越来越多地运用玻璃的透光性。

（2）反光性。在建筑上大量应用玻璃的反射性始于热反射镀膜玻璃的产生。发明热反射镀膜玻璃的目的：一是为了建筑的节能，即降低玻璃的遮阳系数和玻璃的热传导系数；二是为了美观，因为热反射玻璃有各种颜色，如银白色、银灰色、茶色、绿色、蓝色、金色、黄色等。另外，热反射玻璃不仅颜色丰富，其反射率也比普通玻璃高，通常为10%～50%。

热反射玻璃大量地应用于建筑，如建筑门窗，特别是幕墙，热反射玻璃在幕墙上的应用是玻璃反射性应用的最高境界。在应用玻璃的反射性时应限制在合理的范围，不可盲目地追求高反射率，反射率过高，不仅破坏建筑的美与和谐，还会造成光污染。

（3）隔声性。隔声就是用建筑围护结构把声音限制在某一范围内，或者在声波传播的途径上用屏蔽物把它遮挡住一部分。建筑上的隔声主要指隔绝空气声，就是用屏蔽物隔绝在空气中传播的声音。

普通玻璃的隔声性能比较差，其平均隔声量为25～35dB。中空玻璃由于空气层的作用，其平均隔声量可达45dB。这是因为声波传入到第一层玻璃上的时候，玻璃就产生“薄膜”振动，由于空气层的弹性作用，使振动衰减，然后再传给第二层玻璃，于是总的隔声量就提高了。夹层玻璃的隔声量可达50dB，是玻璃中隔声性能最好的。若要进一步提高玻璃的隔声性能，可选用夹层中空玻璃或双夹层中空玻璃，如机场候机室、电台或电视台播音室等。

↑机场候机室玻璃幕墙

↑演播厅玻璃幕墙

（4）隔热性。玻璃是绝缘材料，所以表面看来玻璃的隔热性能应当很好。由于玻璃是透明材料，三种传热形式都具有，并且玻璃是薄型板材，从这个意义上来说，玻璃的隔热性并不好。为增加玻璃的隔热性，可选用普通中空玻璃，若想进一步增加玻璃的隔热性，可选用 Low-E中空玻璃，其隔热性可与普通砖墙比拟。

（5）防火性。防火玻璃是指具有透明性，能阻挡和控制热辐射、烟雾及火焰，防止火灾蔓延的玻璃。当它暴露在火焰中时，成为火焰的屏障，能经受一个半小时左右的负载，这种玻璃的特点是能有效地限制玻璃表面的热传递，并且在受热后变成不透明，使居民在着火时看不见火焰或感觉不到温度升高，避免心理上的惊慌。具有防火性能的玻璃主要有复合防火玻璃、夹丝玻璃和玻璃空心砖等。

↑复合防火玻璃

↑防火夹丝玻璃

（6）电磁波屏蔽性。只有金属材料才具有屏蔽电磁波的作用，玻璃是无机非金属材料，因此普通玻璃不具有屏蔽电磁波的功能，只有使其具有金属的性能才能达到屏蔽电磁波的目的。通常有三种方法：在普通玻璃表面镀透明的导电膜；在夹层玻璃中夹金属丝网；上述两种方法同时采用。

电磁屏蔽玻璃主要考虑的是其电磁屏蔽功能；因此其装饰性能是次要的。电磁屏蔽玻璃一般可以做到将1GHz频率的电磁波衰减30～50dB；高档电磁屏蔽玻璃可以衰减80dB，达到防护室内设备的作用。在电视台演播室、工业控制系统等有保密需求或者需防止干扰的场所，都可以使用屏蔽玻璃作为建筑门窗玻璃或者幕墙玻璃。

↑导电膜

↑金属夹层玻璃

2．建筑玻璃的安全性

建筑玻璃是典型的脆性材料，易被破坏，其破坏不但会导致建筑功能失效，而且会影响社会公众的人身安全。因此，在选择建筑玻璃时首要考虑其安全性。建筑玻璃的安全性包含两层含义：一是建筑玻璃在正常使用条件下不会破坏；二是如果建筑玻璃在正常使用条件下会破坏或意外破坏，不对人体造成伤害或将对人体的伤害降低为最小。

建筑玻璃的安全性主要表现在它的力学性能，建筑玻璃在使用时要承受各种荷载，应用在不同的建筑部位其承受荷载也不同。在相应的荷载作用下玻璃幕墙按JGJ 102—2003《玻璃幕墙工程技术规范》进行玻璃的强度和刚度计算并需满足其设计要求，其他建筑部位的玻璃则按JGJ 113—2009《建筑玻璃应用技术规程》进行计算并需满足其设计要求。玻璃刚度和强度有一项不符合规定要求，都不能选用。有些建筑部位还强调必须使用安全玻璃，即钢化玻璃和夹层玻璃。保证安全性，是建筑玻璃选择的首要考虑因素。

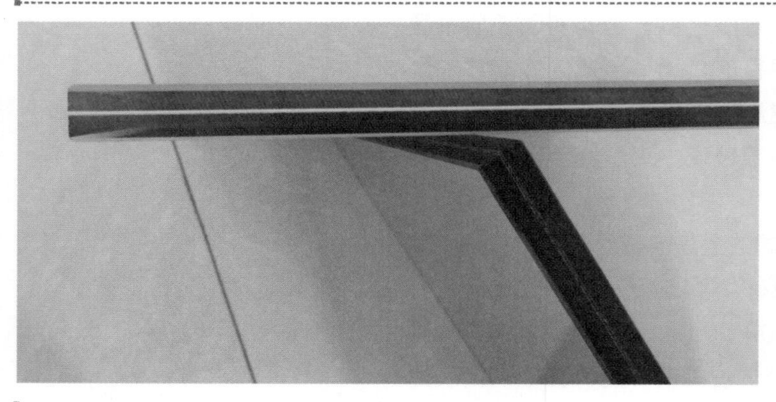

←钢化中空夹胶安全玻璃

3．建筑玻璃的经济性

建筑玻璃的选择并不是安全性越高、功能性越全、造价越高越好，而是在选择时应考虑其功能性和经济性。除考虑一次投资成本，还要考虑建筑物的运行成本。如选择中空玻璃虽然造价高于单片玻璃，但其隔热性能优良，减少了建筑物的制冷和采暖费用，其综合经济性好。

综上所述，选择建筑玻璃的原则是保证安全性，满足功能性，兼顾经济性。不同的部位，有不同的选择，因此要根据建筑玻璃的选择原则综合分析，做出合理的选择。

不同建筑部位玻璃选择一览

玻璃品种	普通幕墙	点式幕墙	门	窗	室内隔断	斜屋顶窗	屋顶	经济性
浮法平板玻璃	○	×	×	△	×	×	×	×
钢化玻璃	△	△	△	△	△	○	○	○
半钢化玻璃	△	×	×	△	○	×	×	○
吸热玻璃	△	×	×	△	×	×	×	×
普通夹层玻璃	△	×	×	△	○	○	△	○
钢化夹层玻璃	△	△	△	△	△	○	△	△
热反射镀膜夹层玻璃	△	×	×	△	×	×	△	△
普通中空玻璃	○	×	×	△	×	△	×	○
Low-E吸热中空玻璃	○	×	×	△	×	△	×	△
钢化中空玻璃	△	△	×	△	×	○	×	△
热反射镀膜中空玻璃	△	×	×	△	×	×	×	△
夹层中空玻璃	△	×	×	△	×	○	△	△
夹层钢化中空玻璃	△	△	×	△	×	○	△	△
Low-E钢化中空玻璃	△	△	×	△	×	○	×	△
Low-E钢化夹层中空玻璃	△	△	×	△	×	○	△	△

注：△—非常适合，价格高；○—适合，价格适中；×—不适合。

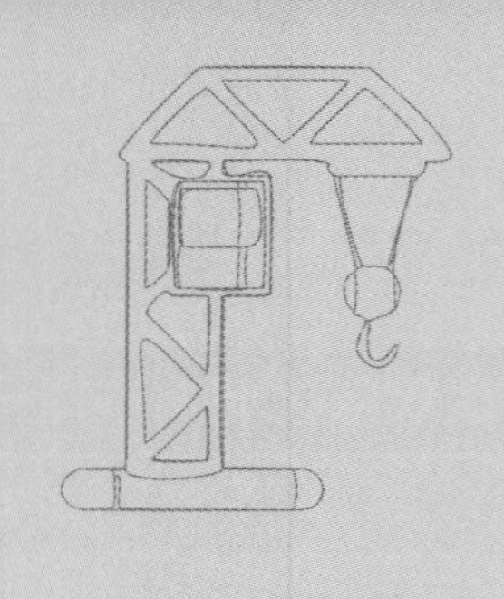

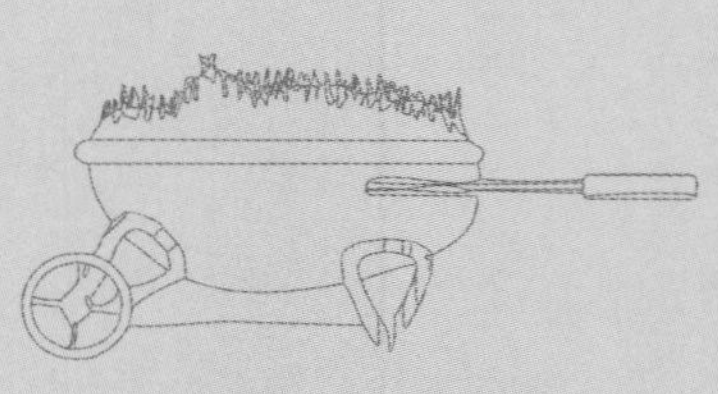
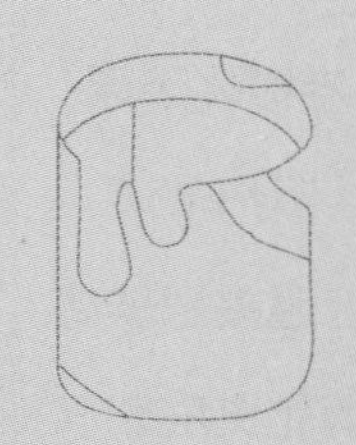
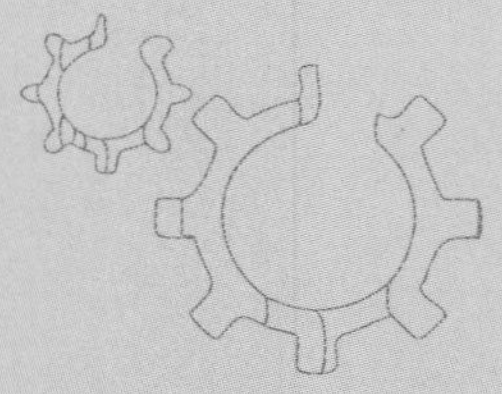
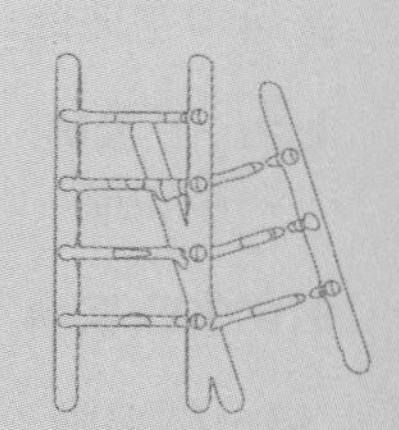

铝合金门窗通常根据不同的建筑与安全级别使用不同的五金配件，门窗配件采用的材料不一样，使用效果差异非常大，根据适用范围不同采用的配件也存在较大的差异。本章节将详细介绍执手、合页与滑撑、滑轮、锁闭器、内平开下悬五金件等几种门窗配件，且讲解相关的选用也安装知识。

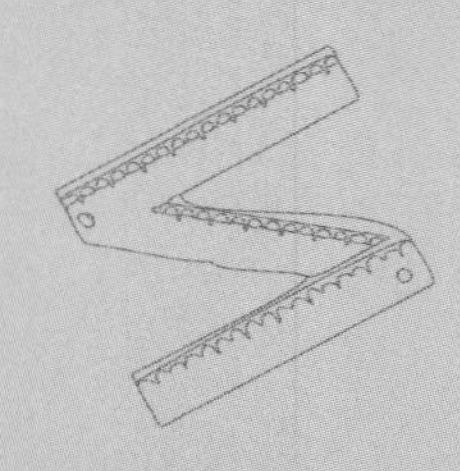

Chapter 5 丰富配件详解

识读难度：★★☆☆☆

5.1 执手

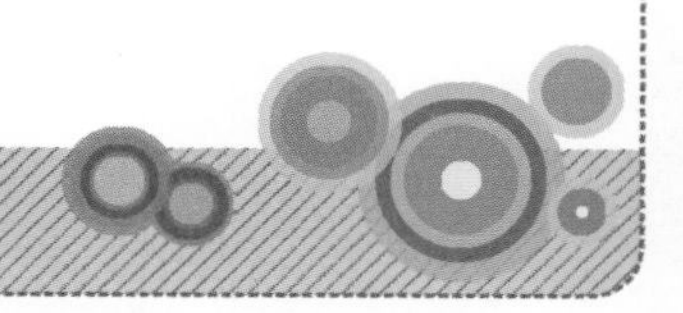

铝合金门窗用执手包括旋压执手和传动机构用执手，根据不同窗型需要选择相匹配的执手，否则门窗不能够正常开合使用。

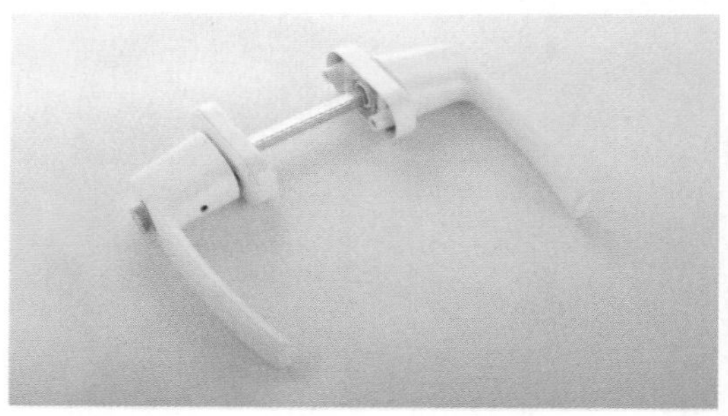

↑旋压执手

→执手安装后的平开窗

1. 旋压执手

旋压执手是通过传动手柄，实现门窗启闭、锁定功能的装置。通过对旋压执手施力，即可控制门窗的开、关和门窗扇的锁闭或开启。旋压型执手俗称单点执手、七字执手，只能在一点上进行锁闭。至于左旋压、右旋压主要是用于左开窗、右开窗，为方便开启用力而设计的。

（1）代号、标记。名称代号：旋压执手 XZ；主参数代号：旋压执手高度旋压执手工作面与在型材上安装面的距离；标记方法：名称代号主参数代号；标记示例：旋压执手高度10mm，标记为：XZ10。

（2）性能特点。只能实现单点锁闭，完成单一平开启闭、通风功能，使用寿命1.5万次以上。

（3）适用范围。适用于窗扇面积不大于0.24（扇对角线不超过0.7m）的小尺寸铝合金平开窗，且扇宽应小于750mm。

2. 传动机构用执手

传动机构用执手仅适用于与传动锁闭器、多点锁闭器一起使用的操纵装置。传动机构用执手本身并不能对门窗进行锁闭，必须通过与传动锁闭器或多点锁闭器一起使用，才能实现门窗的启闭。因此，它只是一个操纵装置，通过操纵执手驱动传动锁闭器或多点锁闭器完成门窗的启闭与锁紧。传动机构用执手分为方轴插入式和拨叉插入式两种。

（1）代号、标记。名称代号：方轴插入式执手：FZ；拨叉插入式执手：BZ；主参数代号：执手基座宽度，以实际尺寸（mm）标记；方轴 （或拨叉）长度，以实际尺寸标记；标记示例：传动机构用方轴插入式执手，基座宽度28mm，方轴长度30mm；标记为：FZ28-30。

（2）适用范围：适用于铝合金门、窗中与传动锁闭器、多点锁闭器等配合使用，不适用于双面执手。

图解小贴士

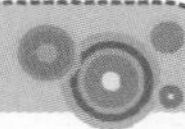

旋压执手反复启闭15000次后，旋压位置的变化应不超过0.5mm；传动机构用执手反复启闭25000次后，开启、关闭自定位位置与原设计位置偏差应小于5°。

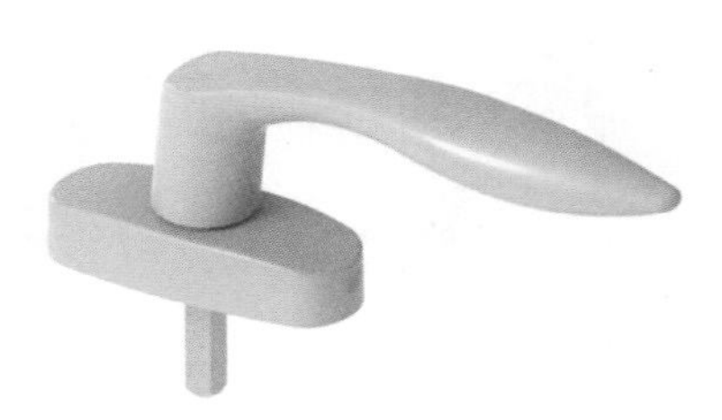

↑传动机构用执手

图解小贴士

铝合金窗各部件名称

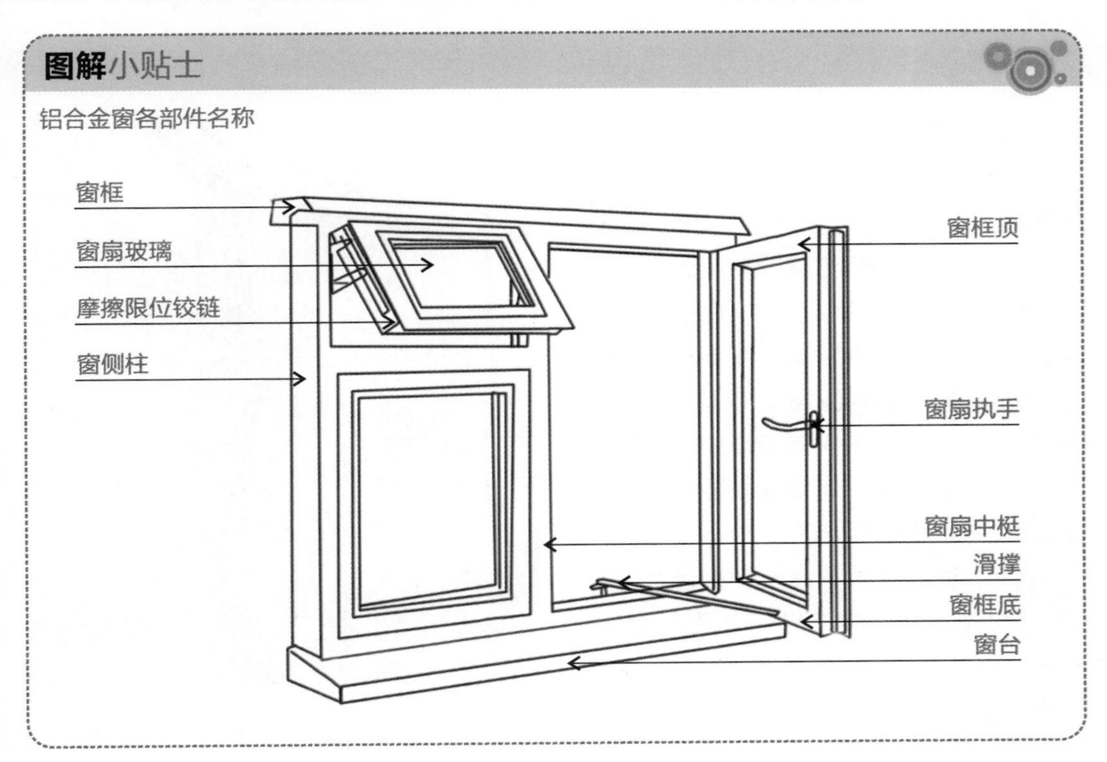

5.2 合页与滑撑

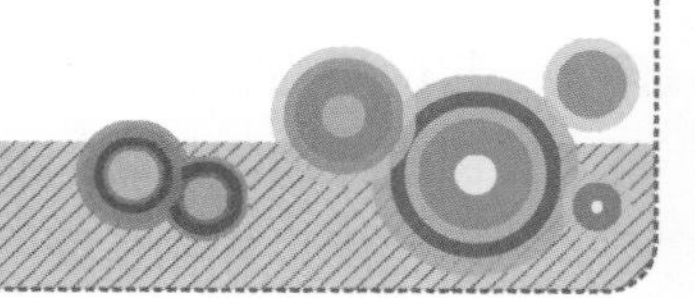

大多数人都知道常见的门窗用五金件包括：执手、锁闭器、合页、滑撑、撑挡、插销、滑轮等。其中颌（铰链）、滑撑、撑挡均是控制门窗开关与闭合的重要元件，那么同是控制开关闭合配件，究竟三者有何不同呢，下面跟大家一起探究一下三者究竟有何区别。

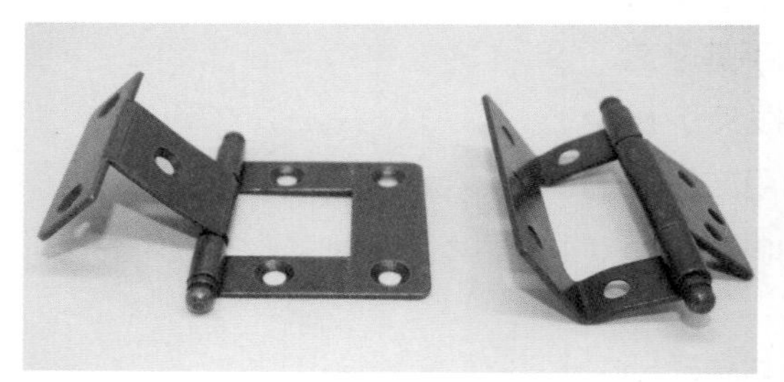

↑合页

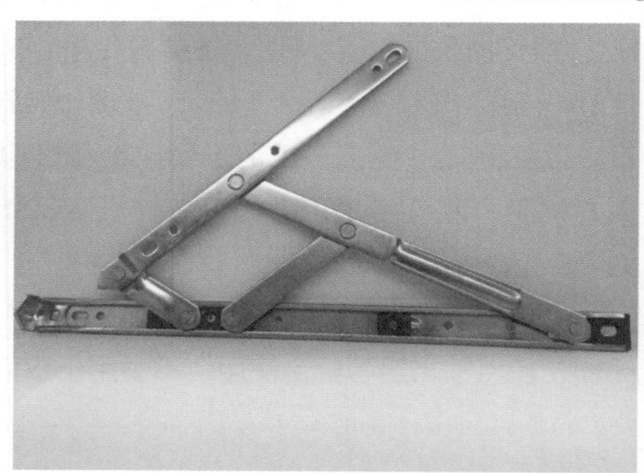

→滑撑

1. 合页

合页是应用于建筑平开门、平开窗，连接框、扇，支撑门窗重量，实现门窗启闭的装置，分为门用合页和窗用合页。

（1）代号、标记。名称代号：门用合页为MJ；窗用合页为CJ；主参数代号：合页的主参数为承载质量，以单扇门窗用一组（2个）合页的实际承载质量（kg）表示；标记示例：一组承载质量80kg的窗用合页，标记为：CJ80。

（2）适用范围。适用于铝合金平开门、平开窗。可根据产品门窗承载质量、门窗型尺寸、门窗扇的高宽比等情况综合选配。

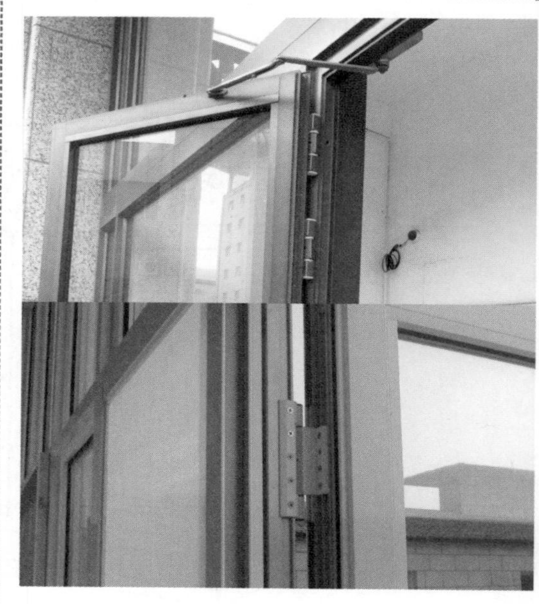

↑门窗合页

合页种类一览		
合页种类	图　例	特　　征
普通合页		有铁质、铜质和不锈钢质材质，不具有弹簧铰链的功能，安装合页后必须再装上各种碰珠，否则风会吹动门板
烟斗合页		又称为弹簧铰链，有镀锌铁、锌合金材质，主要用于家具门板的连接，其可根据空间，配合柜门开启角度
大门合页		分普通型和轴承型。轴承型从材质上可分铜质、不锈钢质。选用铜质轴承合页的较多，其式样美观、亮丽，价格适中，并配备螺钉。合页的每片页板轴中均装有单向推力球轴承一个，门开关轻便灵活，多用于重型门或特殊钢骨架钢板门上
冷库门合页		表面烤漆，大号用钢板制成，小号用铸铁制成，用于冷库门或较重的保温门上
扇形合页		扇形合页的两个页片合起来的厚度较普通的合页要薄一半左右，适用于需要转动启闭的门窗上
无声合页		又称为尼龙垫圈合页，门窗开关时，合页无声，主要用于公共建筑物的门窗上
单旗合页		合页用不锈钢制成，耐锈耐磨，拆卸方便。多用于双层窗上

续表

合页种类	样　式	特　　征
翻窗合页		带芯轴的两块页板应装在窗框两侧，无芯轴的两块页板应装在窗扇两侧，其中一块带槽的无芯轴负板，须装在窗扇带槽的一侧，以便窗扇装卸，用于工厂、仓库、住宅等活动翻窗上
多功能合页		当开启角度小于75° 时，具有自动关闭功能，在75° ～90° 角位置时，自行稳定，大于95° 的则自动定位，该合页代替普通合页在门上使用
防盗合页		通过合页两个页片上的销子和销孔的自锁作用，可避免门扇被卸，而起到防盗作用，适用于住宅门
弹簧合页		可使门扇开启后自动关闭，单弹簧合页只能单向开启，双弹簧合页可以里外双向开启。主要用于公共建筑物的门上
双轴合页		双轴合页分左右两种，可使门扇自由开启、关闭和拆卸。适用于一般门窗扇上

2. 滑撑

滑撑一般用于外平开窗和外开上悬窗上，是支撑窗扇实现启闭、定位的一种多连杆装置，滑撑分为外平开窗用滑撑和外开上悬窗用滑撑。

（1）代号、标记。名称代号：外平开窗滑撑用 PCH；外开上悬窗滑撑用SCH；主参数代号：主参数包括承载质量和滑槽长度，分别表示为允许使用的最大承载质量和滑槽的实际长度；标记示例：滑槽长度为300mm，承载质量为30kg的外平开窗用滑撑，标记为：PCH30-300。

（2）适用范围。适用于铝合金外开上悬窗（窗扇开启最大极限距离300mm时，扇高度应小于1200mm）、外平开窗（扇宽度应小于750mm）。实际使用时，可根据产品检测报告中模拟试验窗型的承载质量、滑撑长度、窗型规格等情况综合选配。

↑外开上悬天窗

↑使用滑撑支撑窗扇

3. 撑挡

撑挡是一种与合页或滑撑配合使用的配件。应用于铝合金外开上悬窗、内开下悬窗、内平开窗，将开启的窗扇固定在一个预设位置的装置。撑挡分悬窗锁定式撑挡、悬窗摩擦式撑挡、内平开窗锁定式撑挡、内平开窗摩擦式撑挡。

锁定式撑挡是指安装该撑挡后，窗扇受到一定外力的作用时，使窗扇在启、闭方向不会发生角度变化，锁定式撑挡可将窗扇固定在任意位置上。

摩擦式撑挡是指窗扇固定在一个预设位置，在受到一定外力的作用时，使窗扇在启、闭方向发生缓慢角度变化的撑挡。摩擦式撑挡靠撑挡上的摩擦力使窗扇在受到外力作用时缓慢进行角度变化，在风大时摩擦式撑挡就难以将窗扇固定在一个固定的位置上。

（1）代号、标记。名称代号，内平开窗锁定式撑挡用PSCD；内平开窗摩擦式撑挡用PMCD；悬窗锁定式撑挡用XSCD；悬窗摩擦式撑挡用 XMCD；主参数代号：撑挡的主参数为撑挡支撑部件最大长度，以支撑部件最大实际尺寸表示。标记示例：如支撑部件最大长度200mm 的内平开窗用摩擦式撑挡，标记为PMCD200。

（2）适用范围。适用于铝合金内平开窗、外开上悬窗、内开下悬窗。实际使用时，可根据产品检测报告中模拟实验窗型的窗型规格、窗扇重量等情况综合选配。

↑撑挡用于开窗上可以固定窗扇，具有抗风能力

↑撑挡

4. 三者的区别与联系

（1）位置不同。合页安装于门窗扇的转动侧边；滑撑不用于安装铝合金门上，而安装于窗扇的上下 (平开)或左右 (悬窗)两侧边。滑撑与撑挡使用位置不同，以上悬窗为例，滑撑用在窗上方角部，而撑挡在窗下方角部或中下部位 。

（2）功能不同。滑撑支持窗扇运动并保持开启状态，在整个过程中均为重要的受力杆件，而撑挡则仅在保持窗开启角度时起作用，其受力一般较小。同一樘窗，滑撑的安装位置是相对固定的，而撑挡则可以在窗下方较大范围内调整，撑挡的长度及安装位置决定窗扇的开启角度的范围。

（3）材质不同。滑撑一般为不锈钢材质，而合页有不锈钢、铝合金等多种材质。合页在门窗的开启过程中与滑撑的功能相同，但使用合页时窗扇只发生转动，而使用滑撑的窗扇既转动同时又平动。有时候合页和滑撑可以互相代替，但有些特殊情况则必须使用合页，如平开下悬窗或上悬窗。 合页 (用在平开窗上面，因为其本身不能提供像滑撑一样的摩擦力，所以它同撑挡一起使用，以避免当窗开启的时候，风力将窗扇吹回并损坏。而滑撑就不同了， 它可以提供一定的摩擦力，所以可以单独使用。

图解小贴士

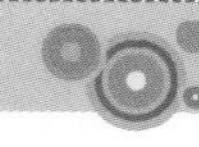

选择安装合页还是安装滑撑

合页用在平开窗上面，因为其本身不能提供像滑撑一样的摩擦力，所以它往往同撑挡一起使用，以避免当窗户开启的时候，风力将窗扇吹回并损坏。而滑撑能提供一定的摩擦力，所以能单独使用。用在平开窗上面的滑撑和用在上悬窗上面的滑撑在于同窗框连接的外臂的长短不一样。当上悬窗达到一定的尺寸时，由于自重的原因，也要配合一定的撑挡使用。

5.3 滑轮

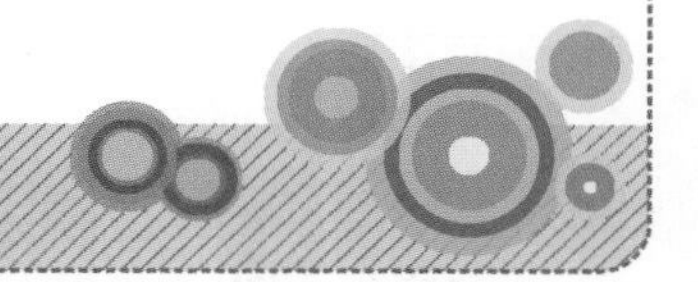

滑轮是承受门窗扇重量，将重力传递到框材上，并能在外力的作用下，通过自身的滚动使门窗扇沿框材轨道往复运动的装置。滑轮是用于推拉门窗扇底部使门窗扇能轻巧移动的五金件。作为门窗用滑轮，首先必须要滑动灵活；其次能够承受门窗扇的重量且能灵活滑动；最后还应有较长的使用寿命。

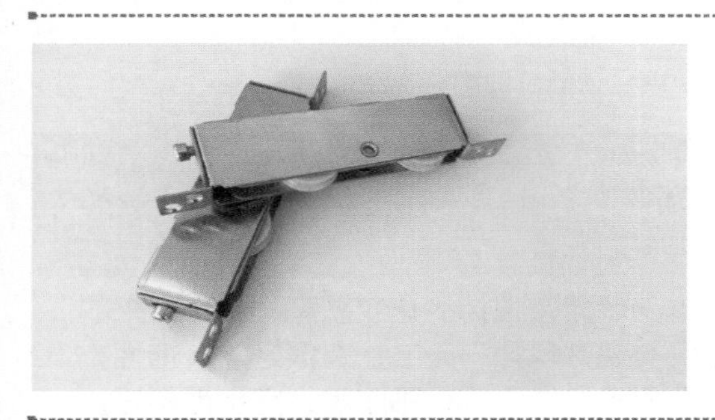

←滑轮

→滑轮用于推拉窗

1. 代号、标记

（1）名称代号。门用滑轮代号为 ML；窗用滑轮代号为CL。

（2）主参数代号。滑轮的主参数为承载重量，以单扇门窗用一套滑轮(2件)的实际承载质量表示。

（3）标记示例。单扇窗用一套承载质量为50kg的滑轮，标记为CL50。

2. 性能要求

（1）滑轮运转平稳性。轮体外表面径向跳动量不应大于 0.3mm，轴向窜动量不应大于0.4mm。

（2）启闭力。滑轮的启闭力不应大于40N。

（3）反复启闭。一套滑轮按照实际承载质量做反复启闭试验，门用滑轮达到10000次后，窗用滑轮达到25000次后，轮体应能够正常滚动。在达到试验次数后，承载1.5倍的实际承载质量后，启闭力不应大于100N。

（4）耐温性。耐高温性，采用非金属材料制作为轮体的一套滑轮，在50℃环境中，承受1.5倍承载质量后，启闭力不应大于60N。耐低温性，采用非金属材料制作为轮体的一套滑轮，在−20℃环境中，承受1.5倍承载质量后，滑轮体不应破裂，启闭力不应大于60N。

3. 适用范围

适用于推拉铝合金门窗。实际使用时，可根据产品检测报告中模拟试验窗型的窗型规格、窗扇重量、实际行程等情况综合选配。

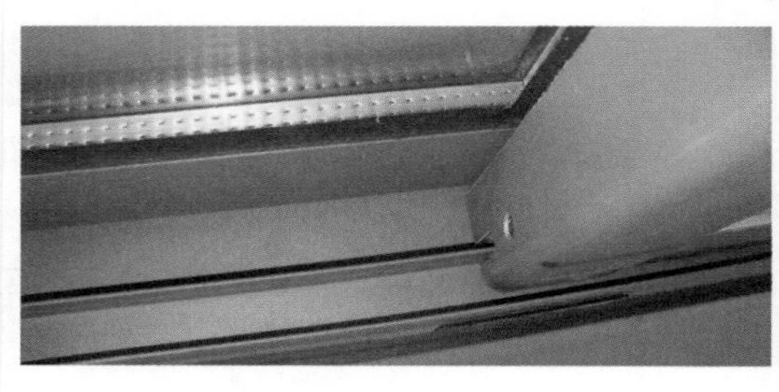

↑铝合金推拉门窗轨道

←铝合金推拉门窗轨道结构剖面

门窗滑轮种类一览		
滑轮种类	图例	特征
木滑轮		木材本身就拥有独特的花纹图案，制作出来的滑轮不仅美观并且独一无二，有很好的装饰性，但其承重力不是特别好，不耐磨，防水性不好，容易吸水导致结构疏松。适用于作为重量较轻的门窗滑轮使用
塑料滑轮		有许多种类及样式，具有一定的实用性及装饰性，其抗磨损、防水、防腐蚀性能好，即使长期使用也毫无问题。承重性能也好，所以使用范围非常广泛
金属滑轮		分为铜质滑轮，不锈钢滑轮，铝制滑轮，合金滑轮等，这种滑轮的色彩丰富，且硬度也较大，其承重力、耐磨、防水性能较好，而金属的防腐蚀性能不好，长期使用特别容易生锈，适合作为重量较大的门窗的滑轮使用

图解小贴士

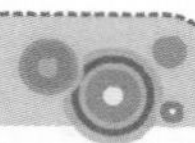

单点锁闭器在经过15000次反复启闭试验后，开启、关闭自定位位置应保持正常，操作力应小于2N（或操作力应小于20N）。多点锁闭器在经过25000次反复启闭后应能操作正常，不影响正常使用，且锁点、锁座工作面磨损量不应大于1mm。传动锁闭器在经过25000个启闭循环后，各构件应无扭曲、变形，不影响正常使用，且在窗扇开启方向上框、扇间距变化量应小于1mm。

5.4 锁闭器

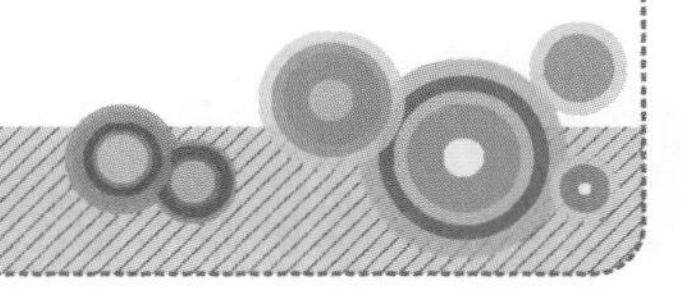

锁闭器是控制门窗扇锁闭和开启的杆形、带锁点的传动装置，能实现平开门窗、悬窗的多点锁闭功能，分为单点锁闭器、多点锁闭器、传动锁闭器3种型式。

↑带锁闭器的门窗内部

↑带锁闭器的门窗外部

1. 单点锁闭器

单点锁闭器是对推拉门窗实行单一锁闭的装置。包括半圆锁、钩锁。半圆锁也称月牙锁，用于两推拉扇间，形成单一的锁闭点。锁钩用于推拉扇和边框之间，形成单一锁闭点。单点锁闭器种类很多，半圆锁是单点锁闭器的典型代表之一。

（1）代号、标记。名称代号：单点锁闭器为 TYB；标记示例：单点锁闭器 TYB。

（2）适用范围。单点锁闭器仅适用于推拉铝合金门窗。

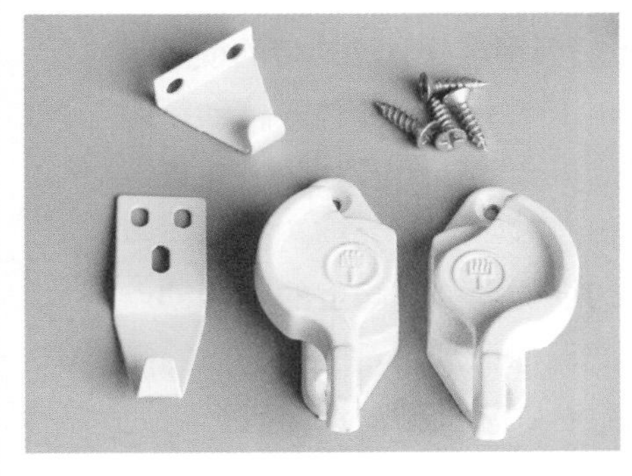

←半圆锁（月牙锁）

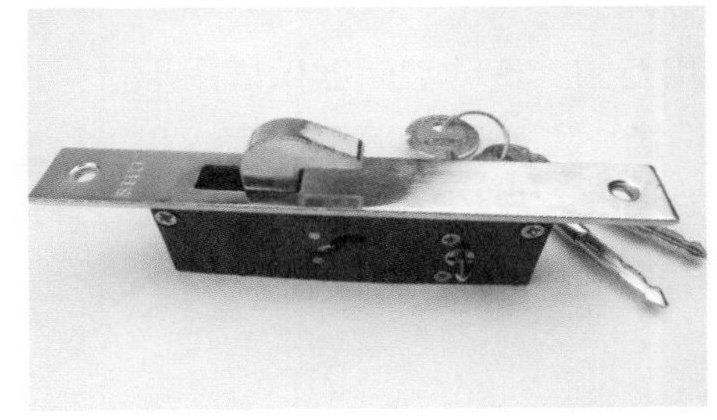

←钩锁

2. 多点锁闭器

多点锁闭器分为齿轮驱动式和连杆驱动式两类。

（1）代号、标记。名称代号：齿轮驱动式多点锁闭器为CDB；连杆驱动式多点锁闭器为LDB； 主参数代号：多点锁闭器的主参数为锁点数，以实际锁点数量表示；标记示例：3点锁闭的齿轮驱动式多点锁闭器标记为CDB3。

（2）适用范围。多点锁闭器适用于推拉铝合金门窗，对推拉铝合金门窗实现多点锁闭功能的装置。

3. 传动锁闭器

传动锁闭器一般与传动机构用执手配套使用，共同完成对铝合金门窗的开启和锁闭功能。传动锁闭器分为齿轮驱动式传动锁闭器和连杆驱动式传动锁闭器。

（1）代号、标记。名称代号，铝合金门窗用齿轮驱动式传动锁闭器为M（C）CQ；铝合金门窗用连杆驱动式传动锁闭器M（C）LQ； 特性代号，整体式传动锁闭器为ZT；组合式传动锁闭器为ZH；主参数代号：传动锁闭器主参数为锁闭器锁点数量，因此以门窗传动锁闭器上的实际锁点数量进行标记；标记示例：三个锁点的门用齿轮驱动组合式带锁传动锁闭器标记为MCQ · ZH−3。

（2）适用范围。传动锁闭器仅适用于铝合金平开门窗、上悬窗、下悬窗等。实际使用时，可根据产品检测报告中模拟试验窗型的门窗型规格等情况综合选配。

↑齿轮驱动式多点锁

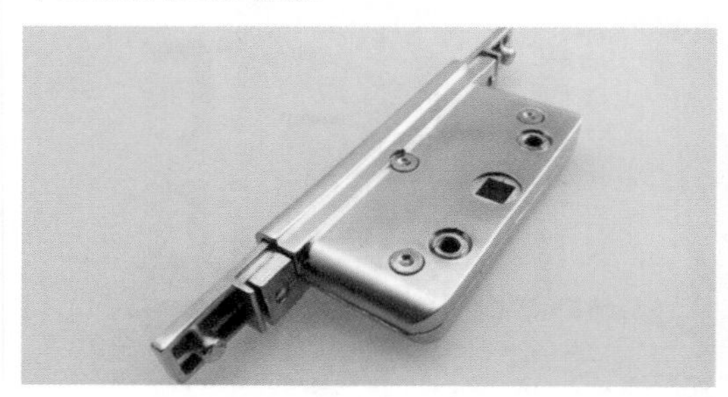

↑连杆驱动式多点锁

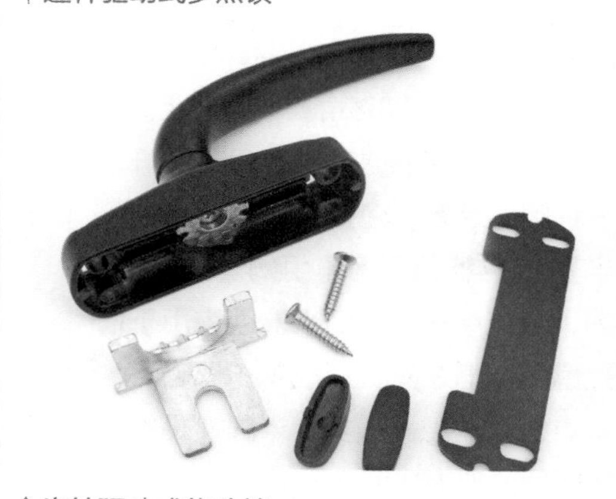

↑齿轮驱动式传动锁

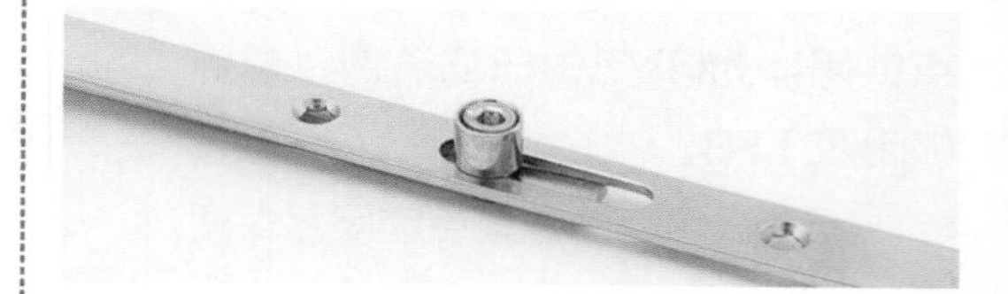

↑连杆驱动式传动锁

5.5 内平开下悬五金件

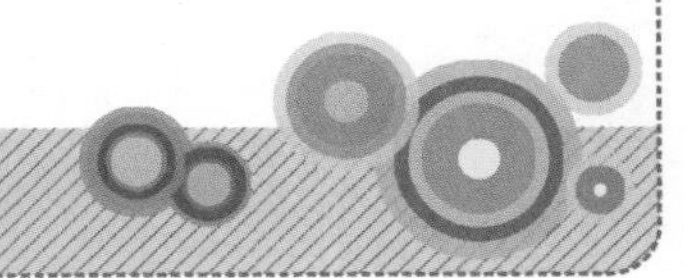

随着铝合金门窗技术的发展，铝合金门窗的功能和开启方式发生了很大的变化，为了适应这种变化，开发出了集多种功能于一身的内平开下悬五金系统。内开内倒窗的专业名称为平开下悬窗，是通过操作执手，可使窗具有内平开、下悬锁闭等功能的五金系统。就是既可以跟普通的内平开窗一样，向室内内平开，同时也可以下悬开启，即窗下部分位置不动，而上部向室内倾斜。这是在欧洲大陆主导的开窗方式， 而在我国是一种新型的窗户开启方式。

五金组件包括：执手、传动锁闭器、传动杆、防误操作器、斜拉杆、欧槽锁座、防提锁座、转角器、内倒锁件、支撑座、合页与连接角等。

1. 分类

铝合金窗用内平开下悬五金系统按开启状态顺序不同分为两种类型，一是内平开下悬锁闭、内平开、下悬；二是下悬内平开锁闭、下悬、内平开。

内平开下悬五金系统由于锁点不少于3个，使用后增加了窗户的密封性能。目前，在高性能的隔热保温窗上应用比较广泛。

2. 标记、代号

（1）名称代号。内平开下悬五金系统的名称代号见下表。

↑铝合金屋顶

内平开下悬五金系统的名称代号

内平开下悬窗型及五金类型	内平开下悬五金系统	下悬内平开五金系统	内平开下悬五金系统	下悬内平开五金系统
名称代号	CPX	CXP	LPX	LXP

（2）主参数代号。内平开下悬五金系统以承载质量为分级标记，每10kg为一级；锁点以实际数量标记，且不得少于3个。

5.6 五金配件的选用

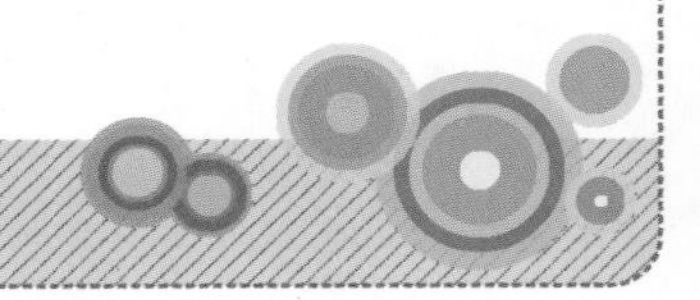

安装门窗时，一定要使用五金配件，可以说五金配件是门窗安装的主要组成部分，它能够直接影响门窗的使用寿命，应该选择质优的门窗五金配件。

↑门窗五金配件展示

↑门窗五金配件质地

1. 从性能和使用方面选用

（1）在选用五金配件时应要求供货单位提供产品的有效产品检验报告及产品合格证书，且产品在进货时应进行质量抽样检查。

（2）优良的五金配件是良好品质节能窗的基本保证。材质差的五金配件易老化、碎裂，进而导致铝合金门窗的开启不灵活或无法启闭，并可能带来生命安全的威胁，因此在选择五金配件时一定要选择有品质保证的产品。

（3）对节能铝合金门窗的五金配件配置，应选择锁闭良好的多点锁系统。多锁点五金件的锁点和锁座分布在整个窗扇的四周，当窗扇锁闭后，锁点、锁座紧密地扣在一起，与合页或滑撑配合，共同产生强大的密封压紧力，使密封条弹性变形，从而提供给铝合金门窗足够的密封性能。因此，多锁点五金件可以大大提高铝合金门窗的密封性能。

（4）五金配件的合理设计和安装是关键。没有正确的设计和安装会使隔热断桥铝合金型材失去断桥的作用，里外相连形成热传导。

2. 从配合结构方面选择

由于我国门窗系统多为欧洲引进，如欧标系统、旭格系统、阿鲁克系统等。其中后两者为各自独立发展的特有门窗系统技术，其五金配套槽口为专用槽口，通用性差，必须使用其配套产品。欧标系统的门窗采用欧洲标准五金配套槽口，其配套生产厂家多，使用者的选择多，适用范围广，通用性好，市场占有率高。我国目前市场流通的各种系列的铝合金门窗五金安装槽口，大部分采用欧标20槽口，部分采用 U 形槽口。因此，型材安装槽口不同，相应的五金系统在选择时应注意区别。

（1）检查门窗系统槽口是哪种槽口系统，选择相应槽口的五金件。欧标槽口又根据具体的窗扇大小及重量分为不同的几种类型，故在选用时需先确定为几号槽口。

（2）根据门窗的使用功能和开启方式确定相应五金配件。

（3）在槽口相对应的前提下，选择合页时应注意其最大承重力是否满足窗扇的使用条件。

（4）如果窗扇的尺寸过高，合页侧需加设锁紧机构，以保证窗户的各项性能指标。

（5）考虑五金执手的装饰性。

↑根据建筑结构选择安装相应的门窗配件

↑选择合适的五金配件

图解小贴士

选购五金配件的注意事项

（1）外观。好的五金配件，外观工艺平整光滑，用手折合时开关自如，并且没有异常的噪声。

（2）重量。一般来说同一类产品中，分量越重的质量越好。

（3）品牌。大家在购买五金配件时最好买经营时间较长、知名度较高的厂家的产品。除此之外，还要考虑五金配件和家具的色泽、质地相协调的问题，如拉手等。厨房家具的拉手就不宜使用实木的，以防在潮湿的环境中变形。

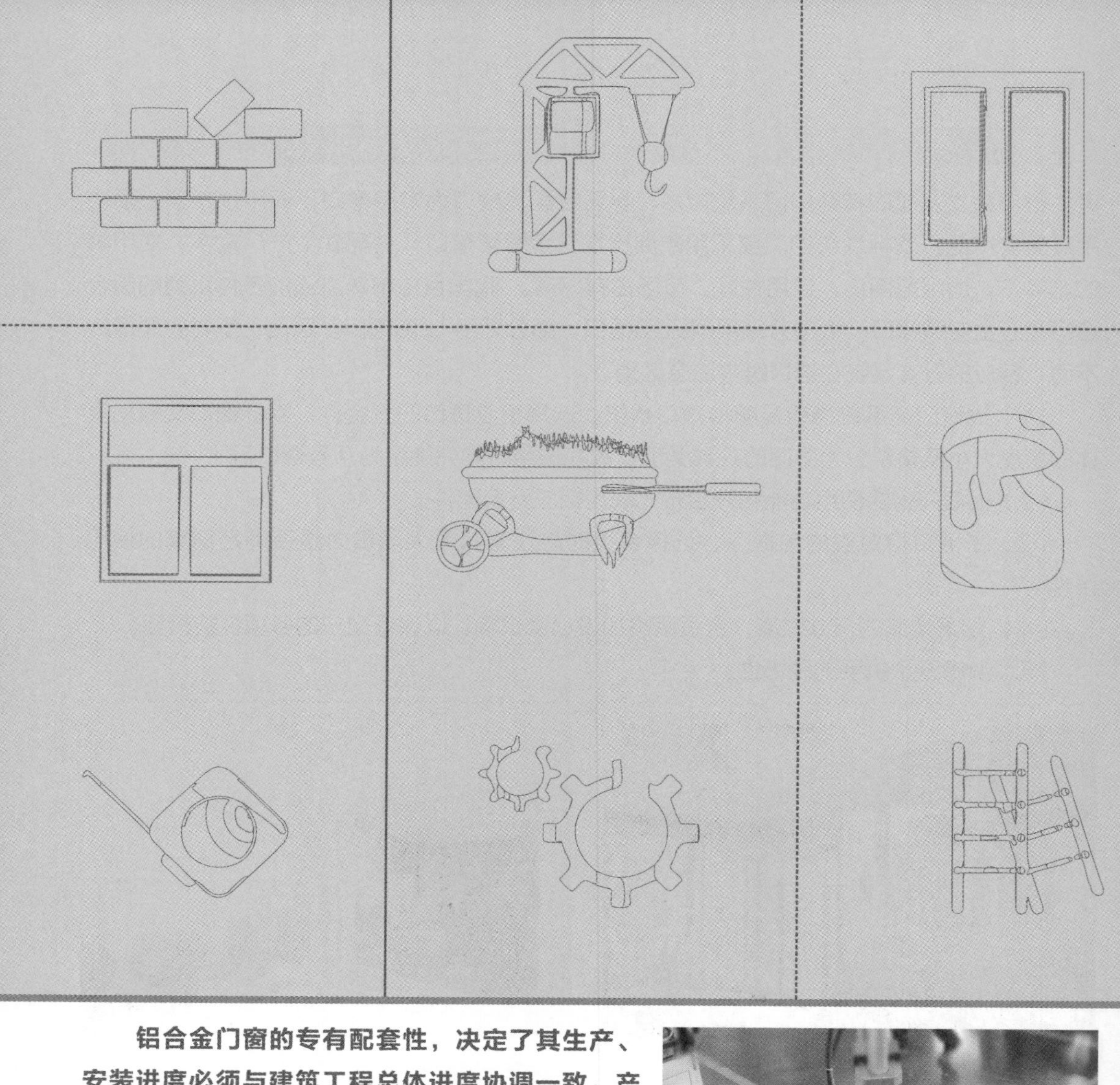

铝合金门窗的专有配套性，决定了其生产、安装进度必须与建筑工程总体进度协调一致。产品的质量与生产现场的组织管理有关，不仅取决于原辅材料的质量，也取决于生产过程中的质量控制。在保证原辅材料质量的前提下，产品的质量就完全取决于生产过程中的质量控制。

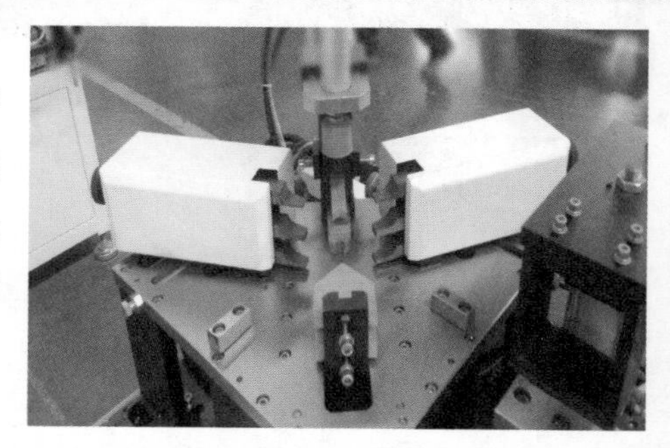

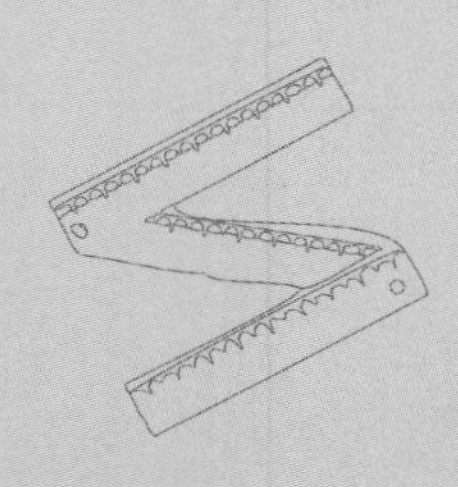

Chapter 6 铝合金门窗生产制造

识读难度：★★★★★

6.1 考察原料厂与加工商

目前，市场上供应的铝合金型材品种繁多。不同的铝合金型材生产商生产的型材也不尽相同，且每年都在推出新产品。铝合金门窗用户因用途不同，要求的型材品种也不同。当签订铝合金门窗合同时，就需要明确铝合金型材的品种、主要配套件及玻璃的种类，有时还需要明确到具体的铝合金型材生产厂家。当一个门窗合同签订后，门窗的窗型、结构、立面大样图、开启形式及各类窗型的数量就确定了，所用的铝合金型材、五金件及其他配套材料也就确定了。这时，企业的相关部门就可以根据合同确定的品种、数量及材料要求，制定铝合金型材、玻璃、五金件及辅助材料的采购计划。

↑铝合金门窗原料的加工生产

↑铝合金门窗的销售安装

例如，与某单位签订的（××）铝合金窗合同，其窗型、数量如图所示。铝合金型材选用55系列隔热断桥氟碳喷涂型材,表面颜色为外绿内白，玻璃采（5+9A+5）mm白色浮法中空玻璃，五金件选用国产名优产品，胶条采用三元乙丙橡胶条。

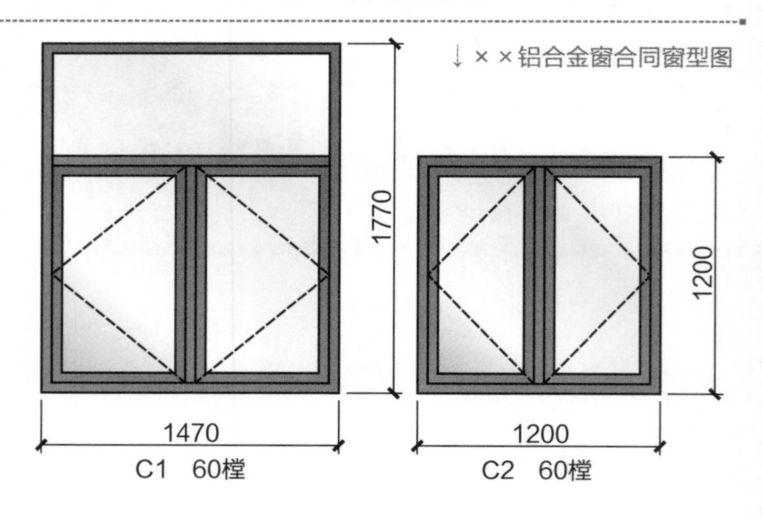

↓××铝合金窗合同窗型图

铝合金窗汇总表							
合同编号	×××	单位	×××××		门窗数量（樘）		120
门窗号	数量（樘）	单樘窗面积（m^2）	总面积（m^2）	开启形式	型材	玻璃	配件
C1	60	2.88	172.8	内平开	氟碳喷涂绿白	中空	名优
C2	60	1.44	86.4	内平开	氟碳喷涂绿白	中空	名优
合计	120	—	259.2	—	—	—	—

1. 铝合金型材采购计划

结合具体窗型和规格尺寸，设计下料单，计算铝型材的需要量。不同规格的铝型材，框、扇、中挺、玻璃压条、扣板、角码等要齐全配套。必须按需要的数量，在最大限度提高材料利用率的前提下，用优化下料的方法计算铝型材的采购数量。铝型材的标准长度是6m，如数量较大，可与铝型材生产厂确定定尺长度，保证足额采购又不浪费。

C1窗型型材需要量表					
序号	名　　称	型材代号	下料长度（mm）	数量（支）	备注
1	上下框	Gr6301	1470	120	—
2	左右框	Gr6301	1770	120	—
3	上下梃	Gr6302	704.6	240	—
4	左右梃	Gr6302	1155.2	240	—
5	中横框	Gr6303	1414	60	—
6	中竖框	Gr6303	1143.5	60	—
7	上亮横玻压条	Gr6305	1414	120	—
8	上亮竖玻压条	Gr6305	496	120	实测尺寸
9	扇横玻压条	Gr6304	612.6	240	实测尺寸
10	扇竖玻压条	Gr6304	1017.2	240	实测尺寸
11	框角码	18.5	—	240	—
12	扇角码	28.5	—	480	—
13	中梃连接杆	19	—	120	—

C2窗型型材需要量表

序号	名　称	型材代号	下料长度（mm）	数量（支）	备注
1	上下框	Gr6301	1200	120	—
2	左右框	Gr6301	1200	120	—
3	上下梃	Gr6302	596.6	240	—
4	左右梃	Gr6302	1156	240	—
5	中竖框	Gr6303	1144	60	—
6	扇横玻压条	Gr6304	477.6	240	实测尺寸
7	扇竖玻压条	Gr6304	1050	240	实测尺寸
8	框角码	18.5	—	240	—
9	扇角码	28.5	—	480	—
10	中梃连接杆	19	—	120	—

C1、C2窗型主要型材优化排料表

序号	名称	型材代号	支数	下料长度（mm）	用　途	下料数量（支）
1	框料	Gr6301	120	1470×1	C1上下边框	120
				1770×1	C1左右边框	120
				1200×2	C2横竖边框	240
2	扇料	Gr6302	48	1155.2×5	C1左右边框	240
			24	569.6×10	C2上下边框	240
			40	704.6×6	C1上下边框	240
			48	1156×5	C2左右边框	240
3	中梃	Gr6303	12	1143.2×5	C1中竖框	60
			12	1144×5	C2中竖框	60
			15	1414×5	C1中横框	60
4	扇玻璃压条	Gr6304	27	612.6×9	C1扇横玻压条	240

续表

序号	名称	型材代号	支数	下料长度（mm）	用　途	下料数量（支）
4	扇玻璃压条	Gr6304	48	1017.2×5	C1扇竖玻压条	240
				477.6×1	C2扇横玻压条	48
			60	1050×4	C2扇竖玻压条	240
				477.6×3	C2扇横玻压条	180
			1	477.6×12	C2扇横玻压条	12
5	上亮横玻压条	Gr6305	30	1414×4	C1上亮横玻压条	120
			10	416×13	C1上亮横玻压条	120
注：上表是以定尺长度为6m的型材进行优化的，优化排料时需考虑锯片厚度2～3mm，锯切时的余量2mm，型材两端不能用的部分约120mm。表中6m长度型材的支数是最少采购量，实际采购时一般应增加5%作为采购余量						

根据上述优化的铝合金型材数量，制订铝合金型材采购计划表。

铝合金型材采购计划表

序号	名　称	型材代号	米重（kg/m）	数量（支）	长度（m）	重量（kg）
1	框料	Gr6301	1.194	120	720	859.68
2	扇料	Gr6302	1.294	160	960	1242.24
3	中梃	Gr6303	1.306	39	234	305.60
4	扇玻璃压条	Gr6304	0.39	136	816	318.24
5	上亮横玻压条	Gr6305	0.34	40	240	81.60

2. 玻璃采购计划

C1、C2窗型玻璃采购计划表

窗号	尺寸（mm×mm）	类　别	数量（块）	面积（m^2）
C1	1400×531	中空（5+9+5）	60	44.60
C2	598.6×1049.2		120	75.37
	423.6×1010		120	51.34

3. 五金件及辅助件采购计划

五金件及辅助件采购计划表				
序号	材料名称	单　位	采购数量	备　注
1	O形胶条	m	912	平开框
2	O形胶条	m	912	平开扇
3	K形胶条	m	2928	安装玻璃
4	铰链	副	480	—
5	滑撑	副	240	—
6	执手转动器	套	240	—
7	螺钉	—	—	—
8	连接地脚	个	2640	固定窗框
9	发泡胶	桶	25	安装密封框
10	密封胶	桶	210	安装密封框
11	玻璃垫块	块	2760	—

4. 生产现场组织管理

生产现场一般指生产车间，是生产过程中诸要素综合汇集的场所，是计划、组织、控制、指挥、反馈信息的来源。生产现场要求人流、物流、信息流的高效畅通，使生产现场各要素合理配置，定置管理。生产要素的合理配置，是指生产加工某产品或部件时，生产工人利用何种机械、物料、加工方法、在什么环境状态下加工，各环节的信息传递方式都应有明确要求。

↑铝合金生产加工

↑铝合金车床机械

例如，锯切下料工序就是由该工序的熟练工人操作切割锯，分别对框料按合同要求的铝型材品种下料。锯切下料时应保证有足够的空间放置材料，有照明设施，能看清工作台和尺寸标尺，冬季有相应的保温措施，防止气路冻坏，影响气缸工作。生产计划和实际完成的质量、数量能及时反馈到管理者，保证整个生产环节的正常运行。

（1）生产现场的定置管理。定置管理是指对生产现场的设备、物料、工作台、半成品、成品及通道等，根据方便、高效的原则，规定确定的位置，实现原材辅料、半成品，在各工序间以最短的时间、最少的人工、最短的距离、最少的渠道流转。生产车间的定置管理由企业的生产车间布局和生产设备配置及生产状况确定，原则上按生产流程布置生产设备和原材料、半成品、成品。

（2）物料管理。对采购进厂的铝合金型材、五金件、辅助材料、玻璃制品首先进行质量验证。经检验合格的，开单、确认购买数量，办理入库手续。对铝合金型材、五金件、辅助材料、玻璃制品分别分类管理，各类物资分别存放于不同的货架上。仓库存储的物资要设置材料台账和材料卡，台账要记录存储物资的名称、规格、数量、价格、收发日期，记录后的材料卡挂贴在存储物资上。收发各种物资后须及时在材料台账和材料卡上进行登记，以保证各种物资账、物、卡相符。

（3）试制样品生产验证。铝合金门窗的开启形式不同，其生产工艺也不同；不同的型材厂生产的铝合金型材断面结构不同，其生产工艺也有所不同。因此，当生产一种新窗型时，首先必须根据铝合金型材厂提供的产品图集和型材实物，设计出该种型材系列的门窗图样，计算各种型材的下料尺寸，确定配合连接位置和尺寸以及槽孔的位置和尺寸；然后试做样品，对样品尺寸、配合及各部件的连接进行检验，及时发现问题及早解决。

（4）生产现场的质量管理。产品的质量，一方面取决于原辅材料的质量，另一方面取决于生产过程中的质量控制。在保证原辅材料质量的前提下，产品的质量就完全取决于生产过程中的质量控制。因此，要加强工序质量控制和质量检验，各生产工序要严格把好质量关。

↑铝合金型材生产物料管理

↑铝合金门窗定制加工

6.2 成本核算与报价

对照建筑平面图及立图，核对计算出门窗材料计算表、型材表、五金表、面板表、密封件表，这是门窗工程造价计算中最基本也是最重要内容。门窗材料计算表按“窗型”来进行计算。型材表按门窗类型及系列进行编制核算，五金表按门窗种类型单个进行编制核算，面板表按照教面板种类进行编制核算，密封件表按密封的类型进行编制核算。下表中的材料价为单价，仅为说明该门窗工程的计目过程。

建筑施工门窗表

门窗编号	门窗类型	洞口宽（mm）	洞口高（mm）	数量（樘）	1层	2~15层	16层	面积（m^2）
C2418	55系列铝合金	2400	1800	45	3	3	0	194.40
Sc0618	55系列铝合金	600	1800	16	1	1	1	17.28
Tc1218	60系列铝合金	1200	1800	15	1	1	0	32.40
Mo821	55系列铝合金	800	2100	31	2	2	1	52.08
Dm1823	46系列铝合金	1800	2300	2	2	0	0	8.28
小计	—	—	—	109	9	7	2	304.44

平开窗C2418门窗型材计算表一

门窗编号	洞口宽（mm）	洞口高（mm）	面积（m^2）	周长（m）	边框米重（kg/m）	边框重量（kg/樘）
C2418	2.4	1.8	4.32	8.40	1.12	9.37

平开窗C2418门窗型材计算表二					
门窗编号	框角码长度（mm）	框角码米重（kg/m）	框角码重量（kg/樘）	横中框长度（m）	横中框米重（kg/m）
C2418	0.04	2.868	0.456	1.2	1.311

平开窗C2418门窗型材计算表三					
门窗编号	横中框重量（kg/樘）	竖中框长度（m）	竖中框米重（kg/m）	竖中框重量（kg/樘）	中框角码长度（m）
C2418	1.573	3.6	2.097	7.55	0.04

平开窗C2418门窗型材计算表四				
门窗编号	中框角码米重（kg/m）	中框角码重量（kg/樘）	压线长度（m）	压线米重（kg/m）
C2418	1.916	0.613	18	0.254

平开窗C2418门窗型材计算表五					
门窗编号	压线重量（kg/樘）	扇宽（mm）	扇高（mm）	扇周长（m）	扇梃米重（kg/m）
C2418	4.572	600	1200	3.6	1.543

平开窗C2418门窗型材计算表六				
门窗编号	扇梃重量（kg/樘）	扇角码长度（m）	扇角码米重（kg/m）	扇角码重量（kg/樘）
C2418	11.11	0.04	4.446	1.423

门窗五金件计算表			
门窗编号	五金编号	五金数量（套）	五金含量（m^2）
C2418	WJI	2	0.463

门窗面板材料计算表			
门窗编号	面板编号	面板数量（m^2）	面板含量（m^2/套）
C2418	C1	0.595	0.138
	C2	0.899	0.208
	C3	1.999	0.463

门窗密封件材料计算表			
门窗编号	密封件编号	密封件数量（m^2）	密封件含量（m^2/套）
C2418	WFJ1	14.4	3.333
	WFJ2	18	4.167
	WFJ3	18	4.167
	WFJ4	24	5.556

型材表							
序号	型材代号名称	米重（kg/m）	材质	序号	型材代号名称	米重（kg/m）	材质
1	55C1窗边框	1.115	6063-T5	9	55M1门边框	1.115	6063-T6
2	55C2窗中框	1.311		10	55M2门扇框	1.311	6063-T5
3	55C3加强中框	2.097		11	55M3门中梃	2.097	
4	55C4压线	0.254		12	55M4假中梃	0.254	
5	55C5扇梃	1.543		13	55M5密封槽	1.543	
6	55C6框角码	2.868		14	55M6框角码	2.868	6063-T6
7	55C7中框角码	1.900	6063-T6	15	55M7扇角码	1.900	
8	55C8扇角码	4.100		16	60C1边框	1.700	6063-T5
注：铝合金型材与配件的单价为26～36（元/kg），参考2018年全国市场行情							

6.3 下单订购与生产管理

铝合金门窗的生产制造是指生产工人利用切割锯、端面铣床、仿型铣床、冲床、钻床等加工设备和相应工装，将铝合金型材进行切割、钻冲孔、铣削等加工，并安装玻璃和相应的辅助材料，把铝合金型材和各类辅助材料组装成门或窗产品的过程。

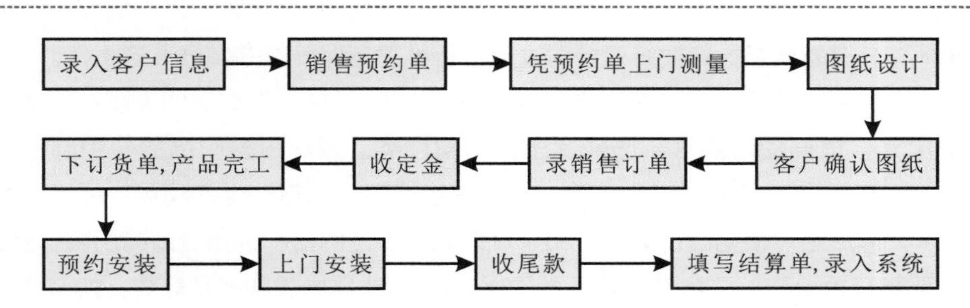

↑铝合金门窗订购、生产全程示意图

1. 铝合金门窗客户订货单模板

铝合金门窗客户订货确认单

*本厂统一使用[mm]为计量单位　　　　订货单号：　　　　YHJ-

客户名称：		电话/传真：		订货日期：	

产品系列		包框尺寸			留脚mm	颜色	玻璃工艺	底玻	钢化是否	锁向	百叶	亮窗高度	亮窗格数	亮窗玻璃工艺	锁具	拉手		边线		套数	面积(m²)	单价(m²)	折扣(%)	金额(元)	备注
		宽	高	墙厚												个	元	m							
①																		0.0			0.00			0	
②																		0.0			0.00			0	
③																		0.0			0.00			0	
④																		0.0			0.00			0	
⑤																		0.0			0.00			0	
⑥																		0.0			0.00			0	

收到订金[元]：	总金额：　　零 元整	总金额：¥0.00

示图：

客户签名：

回传日期：

平开门锁向示意图

A:右锁左铰内开

B:左锁右铰内开

C:右锁左铰外开

D:左锁右铰外开

备注：

1. 颜色以实物为准
2. 本厂默认开向为内开，玻璃默认为钢化，不钢化需特别注明。
3. 本厂锁具有标准锁具和选配锁具两种，默认锁具为标准锁具。
4. 本厂尺寸规格默认为包框尺寸，即产品成品尺寸，如果是其它尺寸，如门洞尺寸，门扇尺寸或见光尺寸，请特别注明。尺寸误差±3mm
5. 客户收到确认回传单后请认真审核，签名确认并回传至厂家落实生产，若是工程订单，确认后须汇货款总金额的30%以上作为订金，方可生产
6. 为不耽误您的货期，请及时的订单确认回传. 订金. 货款的安排。订单签定当日工作时间内可以更改，超出当日工作时间若一定要更改则需收取材料损耗费，加急单不可改单。
7. 全国咨询电话：　　接单专线：
   公司移动号：　　传真：

制单：　　　　审核：　　　　交货日期：

2. 铝合金门窗生产质量基本要求

为强化质量管理，提高车间人员及管理人员的质量意识，激励各级员工的工作积极性，保证工程的顺利开展，特制定本制度。

（1）材料进库与出库到材料车间卸料。首先与仓管配合，核对型号及数量，下车要轻放，注意表面维护，堆放整齐及归类。

（2）车间领料。严格按照工艺及优化单开具领料单，与仓管配合，不可乱拿。一旦发现型材不匹配时，应及时沟通反映。

（3）下料。下料人员接到优化单及作业单后要核对数量及型号，下料尺寸允许±0.5mm误差，型材两端应光滑无毛刺。如需锯角度，应核对角度是否准确，先试切并进行组合，看有无缝隙，并有效调整。作业结束要对设备进行维护与保养，并做好清洁工作。

（4）铝合金门窗产品标记规则。选择铝合金门窗时，首先根据房间大小选择恰当的门窗。规格尺寸，根据使用要求，选择合适的门窗种类。其次根据门窗的使用部位（如内门、外门）确定门窗的各种性能要求值，如窗户和规门要求有一定的隔热、隔声、水密、气密性要求。最后用户根据自己的喜好和与其他装饰部位的搭配选择合适的门窗框颜色。

（5）严禁盲目操作，注意型材可视面的保护。半成品堆放整齐及轻放，如有必要需贴上标签，防止尺寸错乱以及材料混放。严禁任何型材、半成品、成品堆放在地上。

（6）冲料。冲压人员应先看懂图纸，了解开启方向及型材配合尺寸，并熟悉冲压设备的性能，防止型材变形及错误的配合，尺寸允许≤?，合格率99%以上。

（7）投眼。首先看懂图纸，了解配合面的尺寸及配合方向，画线时不应在可视面用硬质物质画线，确保半成品表面不出现划痕以及影响美观的标记。若发现工艺不对时，应及时反映并有效沟通，不准私作主张更改。

（8）组角。组角人员要核对组角后的实际尺寸与角度。外框应铣出相应的排水孔。拼装前四周应均匀涂上组角胶。

↑堆放整齐及归类

↑下料

3. 门窗加工制作组织管理

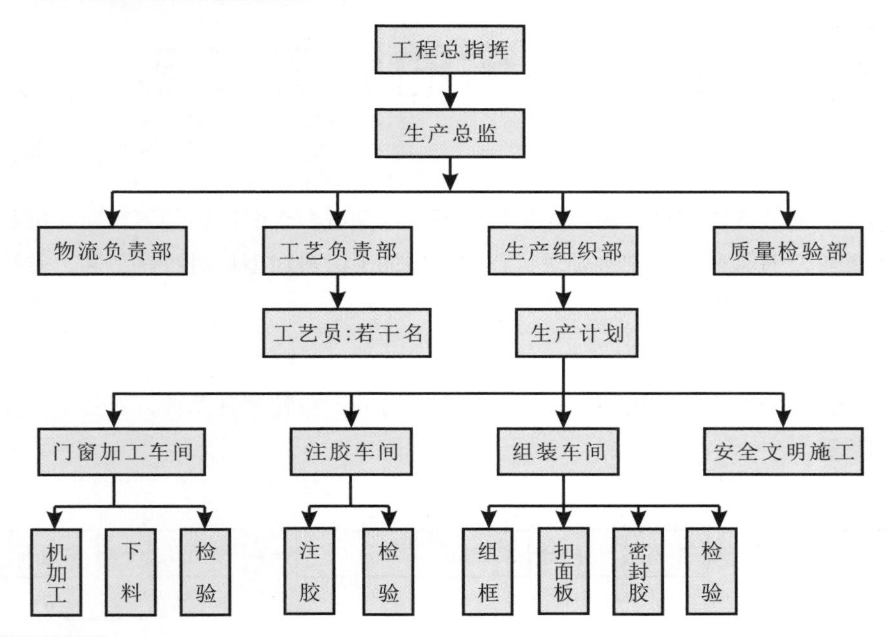

↑生产管理机构图

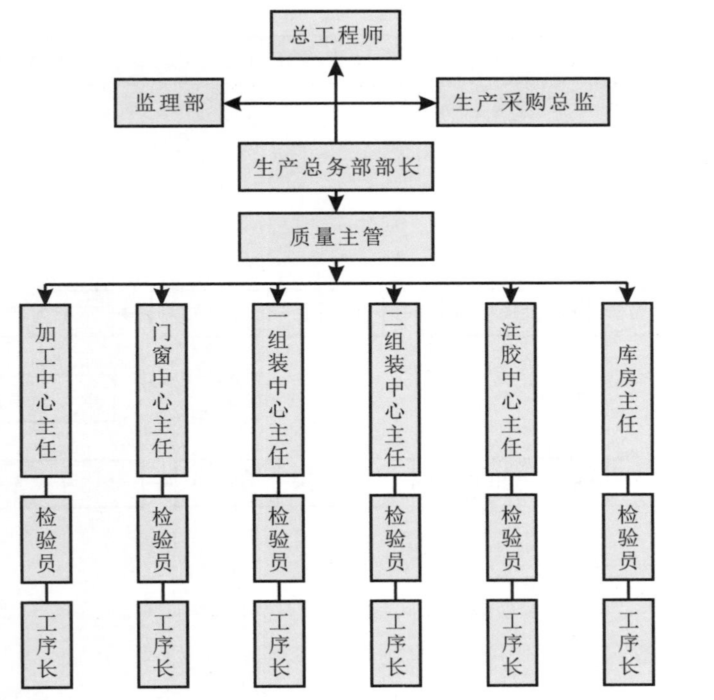

↑质检组织机构图

6.4 铝合金门窗的加工工艺

铝合金门窗要完成组装，需要对型材按照设计图纸要求进行切割下料后，按照加工工艺和设计图纸及五金配件的安装要求，利用机械加工设备对型材进行铣、冲、砖等加工，以保证成品门的组装要求。

1. 生产工艺流程

铝合金门窗的制作工艺流程按窗的开启形式分为推拉和平开两种，其生产制作工艺流程分别如下图。

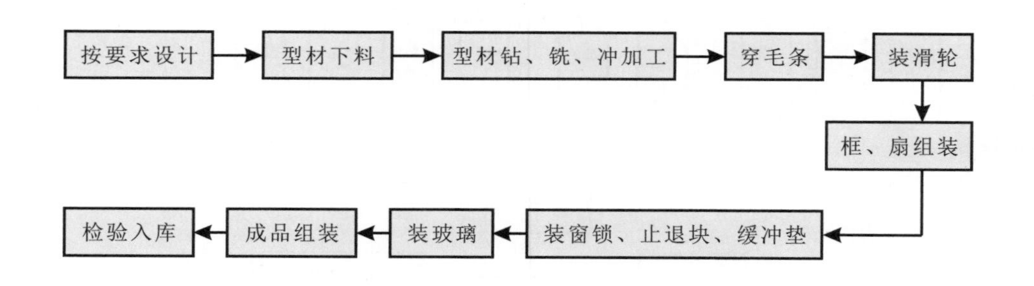

↑推拉铝合金窗加工工艺流程图

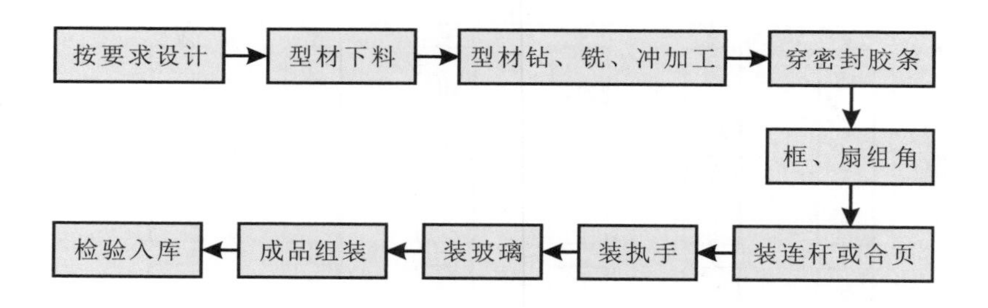

↑平开铝合金窗加工工艺流程图

2. 生产工艺

铝合金门窗的生产工艺对于不同的系列和构造设计，其生产工艺会有部分的差异，主

要包括下列工序:

（1）下料工序。即杆件加工工序。使用切割锯将型材按尺寸和角度要求切割成需要的长度和组装角度。

（2）机加工工序。即铣、冲、钻工序。机加工工序是对经下料工序锯切后的型材杆件，按照加工工艺和产品设计图样的要求，利用机械加工设备或专用设备如仿形铣床、端面铣床、冲床、钻床等对型材杆件进行铣、冲、钻加工。

（3）组装工序。即组装五金配件、毛条、胶条、挤角、成框等的工序。组装工序是将经加工完成的各种零部件及配件、附件按照产品设计图样的要求组装成成品门窗。

3. 平开铝合金门窗框、扇的组角

对于平开铝合金门窗框、扇的组装，一般采用45° 组角进行组装。若构件为封闭式空腹型材时，采用机械式组角工艺成型，在相邻构件的45° 斜角内，插入专用角插件连接；对隔热型材的组角使用两个组角插件，一个组角插件起主要负载作用，插入型材内侧空腔，另一个组角插件起辅助作用，插入型材外侧空腔。

专用组角插件的材料为浇注式锌合金或挤压的铝合金型材。无论是机械式还是手工式固定法组角，都需要在组角之前，将组角插件和型材空腔内表面的油污清洗干净且干燥后涂上密封胶，才能保证角部的密封作用。按组角插件的固定方式可分为两种:

（1）机械式铆压法。将带有沟槽的组角插件，插入构件的空腔内，使用组角铆压设备将型材壁压入组角插件的沟槽内固定。

（2）手工式固定法。将两块对合的组角插件插入构件型材空腔内，使用锥销固定，即用锥销涨紧组角插件达到组角固定的目的。

图解小贴士

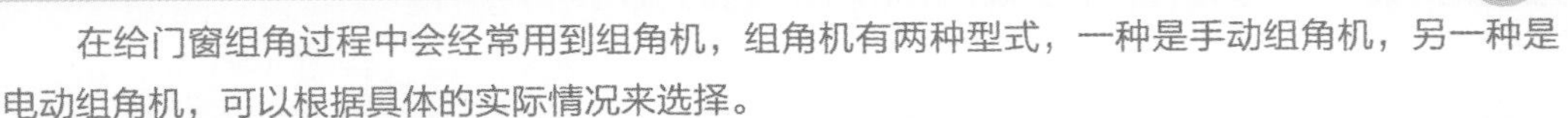

在给门窗组角过程中会经常用到组角机，组角机有两种型式，一种是手动组角机，另一种是电动组角机，可以根据具体的实际情况来选择。

↑手动组角机

↑电动组角机

←铝合金门窗的组角缝及组角平整度要求：
窗框平行边长度差：长度≤2000mm时偏差≤1mm；长度>2000mm时偏差≤2mm。
窗框对角线长度差：对角线 ≤2000mm时，偏差≤2mm；对角线>2000mm时，偏差≤3mm。
窗扇对角线长度差：对角线≤1000mm时，偏差≤1mm；对角线>1000mm时，偏差≤2mm。

4. 铝合金门窗中梃组装操作及生产工艺

（1）中梃组装操作规程。

1）认真检查线路及接头状态，检查电、气钻工具安全和运转情况。

2）使用过程中，严禁摔、扔工具或使电线处于受力状态进行拉、扯；严禁使用重物压、轧、砸电、气钻工具及电器线路。

3）严禁使用无安全插头的电线直接插入插座；严禁超出电动工具使用极限使用电动工具。

4）使用完毕后，将电线顺序缠绕在工具上，放置于工具箱内，避免挤压磨损。

（2）拼接、组装工艺。

1）中梃固定位置及方向与设计图纸一致，中梃拼接时，自攻钉A应打在固定玻璃一侧，自攻钉B应坚固到位，并不得出现自攻钉漏打现象。

2）中梃拼接后，其拼接缝隙（A点和B点≤0.2mm、拼接面平整度≤0.2mm；中梃与外框或中梃与中梃之间的间距比图纸标注尺寸的误差在0～0.5mm。应在隔热条外侧铝框拼接位置进行打胶处理，并安装20mm长中梃密封胶条。

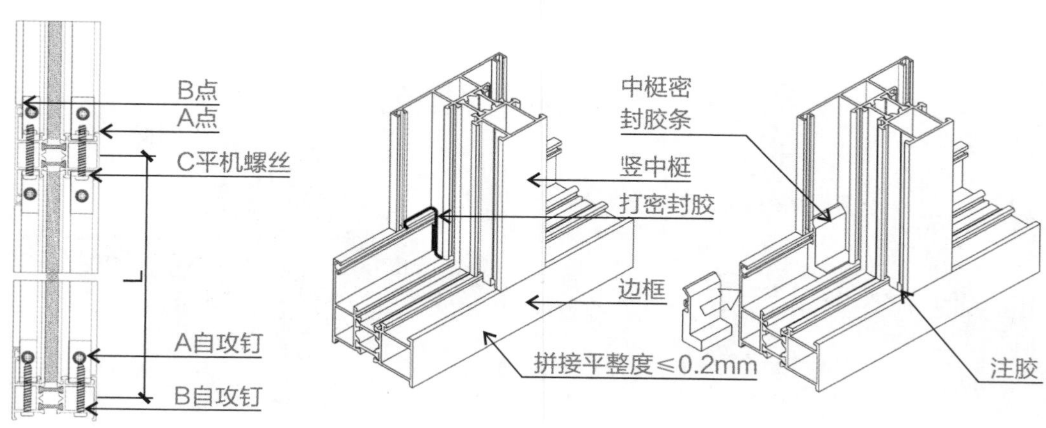

↑中梃拼接示意图　　↑中梃拼接打胶示意图

6.5 下料与深加工

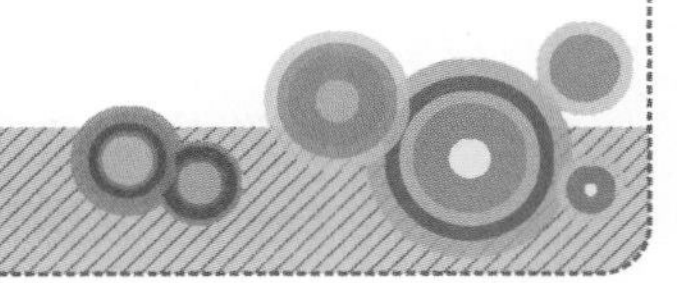

铝合金门窗的构件加工是指生产工人利用切割锯、端面铣床、仿形铣床、冲床、钻床等加工设备和相应工装，将铝合金型材进行切割、钻冲孔、铣削等加工，使铝合金型材构件符合组装铝合金门窗要求的加工过程。

↑设备切割铝合金门窗的构件材料

↑加工、组装铝合金门窗构件

下料包括型材（主辅型材）下料和角码下料。常规的铝合金窗型，窗框、扇形材下料的角度主要为45° 和90° ，异形窗型材下料根据窗型不同会有其他角度，角码下料均为90° 。

1. 下料准备

下料前，应根据铝合金门窗设计图纸及下料作业单给出的长度画线，按线用切割设备切断铝合金型材。下料时应结合所用铝合金型材的长度，长短搭配，合理用料，减少废料。

2. 下料设备

铝合金型材下料设备按使用功能分型材切割锯和角码切割锯。其中，型材切割锯按切割的材料又分为框扇型材切割锯和玻璃压条切割锯；按锯头数量分为单头切割锯和双头切割锯；按切割精度分普通切割锯、精密切割锯及数控切割锯。

（1）在双头切割下料。双头切割锯主要用于切割主型材，装有硬质合金圆锯片，转速和锯片直径均能达到切割铝型材所需的高速。机床两锯头可单独工作，也可同时工作，在一定角度之间可实现任意角旋转，下料长度通过可动锯头进行调整，按刻度和游标尺进行微调，数控双头切割剧可一次输入需要切割下料的多根型材尺寸，实现不同长度连续切割。操作程序如下。

1）根据需要切割的角度调整锯头角度。

2）按型材切割下料尺寸移动可动锯头到所需的位置，调整锯头位置时应注意型材高度和锯片厚度。

3）试切调整锯片的进刀位置，以达到最佳切割质量。

4）使冷却液喷淋装置和气动排屑装置处于工作状态。

5）工作台面使用吹风和刷子清扫干净。

6）装上型材，用定位夹紧装置将型材定位并夹紧，防止型材倾斜或翻转。

7）启动机床。按夹紧按钮，将型材夹紧。按启动按钮，两片锯片同时启动，进刀位于空转位置，冷却液喷淋装置和气动排屑装置处于工作状态；按工作按钮，进行切割；切割完毕后按退回按钮，两个锯头迅速退回空转位置后停止；按松夹按钮。加工件被松开，取出切期完毕的型材。

（2）在单头切割锯上切割下料。用单头切割锯可对型材进行一般的切割和再加工，这一切割往往是组装过程的需要。单头切割锯可手动操作，或用气动控制进刀、退刀、夹紧或冷却液的喷淋。

单头切割应符合加工使用的规定，要特别注意工作台上加工件的固定，长型材在一端切割时，要用支撑架或支撑座支撑，切割另一端(最终切割)时要使用长度定位附加装置夹持。在单头切割锯上加工，主要靠操作者的经验。

↑数控切割操作

↑切割后的铝合金门窗构件

3. 角码下料

角码下料使用角码切割锯，角码切割锯的精度要求比铝合金型材切割锯高，以保证切割的角码与型材内腔的配合精度要求。

隔热断桥铝合金门窗大多采用组角工艺，由于对组角的质量和效果要求较高，因此，对型材断面的锯切精度提出了较高的要求。但铝合金门窗标准中仅对门窗框、扇杆件装配间隙提出了要求（小于0.3mm），并没有对型材断面的锯切精度做具体规定。而0.3mm的组角间隙达不到消费者的要求，一般高档铝合金门窗的角部间隙小于0.1mm，其性能和外观才能满足要求。要达到0.1mm的组角精度，要求型材断面的综合锯切精度（角度、垂直度、平行度、平面度）不宜超过0.08/100mm。为了保证锯切时型材断面的精度要求，高档铝合金门窗锯切加工时一定要选用专业铝合金型材切割锯，且在锯切加工时尽量使用模板，使型材定位稳定、夹紧可靠。

4. 玻璃压条下料

玻璃压条下料使用玻璃压条锯。下料尺寸应稍长一些，待装配时与窗框扇配装，以使压条与窗框扇配合良好。一般情况下，玻璃压条、窗台板等型材的切割角度为90°。

↑切割后的铝合金门窗构件

↑玻璃压条装配

5. 孔、槽加工

为了满足门窗的开启、装配和物理性能的要求，窗框、扇构件还需根据设计要求进行孔、槽加工。加工的孔，槽类型有锁孔(槽)、排水槽、装配槽等。孔槽加工设备有仿形铣床、冲压机、冲床、钻床、端面铣床等。

（1）窗框构件孔、槽加工。

1）加工连角周定螺孔和销孔，在无组角机的情况下，可用钻床或冲压机加工。

2）窗下框构件的排水槽，用冲压机或仿形铣床加工。排水槽的尺寸、位置和数量应符合图纸要求。对于标准门窗，排水槽一般为长圆孔，长25～30mm，宽4～6mm，构件左右各一个，排水槽距离窗框边缘为20～100mm，内外排水槽错开80mm，窗较宽时，每间隔600mm加工一个排水槽。

3）配件固定孔，用钻床或冲压机加工。

4）窗中横框和中竖框端面榫槽，用冲压机或端面铣加工。

5）窗框上的安装孔，可视情况在工厂加工或安装时钻制。

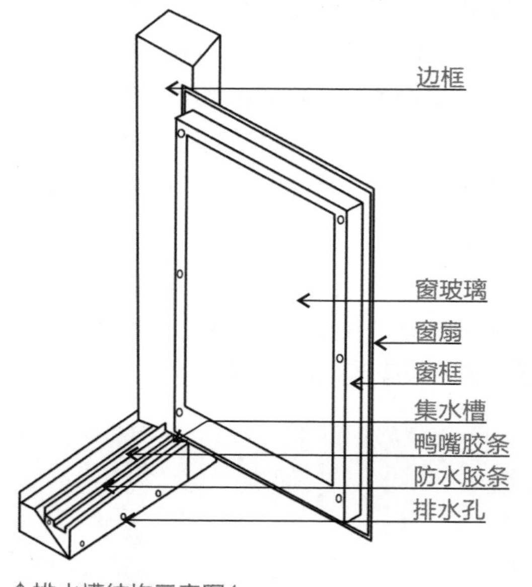

↑排水槽结构示意图1

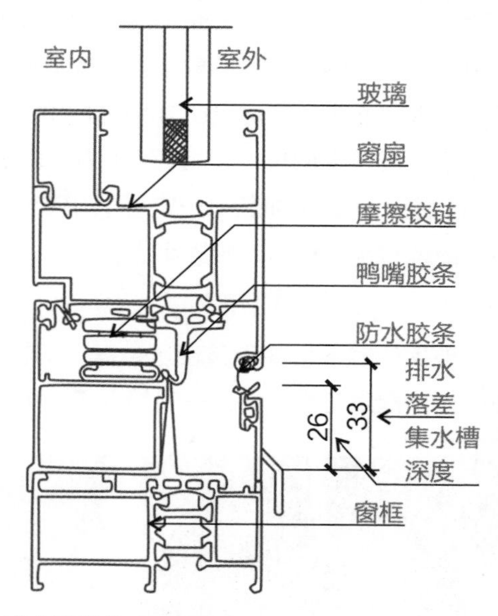

↑排水槽结构示意图2

（2）窗扇构件孔、槽加工。

1）用于固定连角的螺孔和销孔，在无组角机的情况下，可用钻床或冲压机加工。

2）用于安装五金件（如执手、连杆等）的槽、孔，用冲压机、仿形铣床加工。

3）窗扇下梃构件的排水槽、用冲压机或仿形铣加工。执手一般安装在窗扇高度的中部。离地面较高窗的执手，安装在窗扇高度的1/3处，但不能太低，否则会影响锁闭的灵敏程度。

4）通风槽(孔)，用钻床、冲压机或仿形铣加工。通风槽(孔)用于玻璃槽的通风，位于连角附近。窗扇下梃通风槽构件的玻璃槽上应有两个最小尺寸为5mm×?通风槽或两个最小直径为8mm的通风孔。加工通风孔时应同时局部切除玻璃槽底部阻碍排水的型材型面。另外，窗扇上部型材连角附近和两侧型材的上部，均应加工一个尺寸为8mm的通风孔。窗较宽时，通风孔的间距为600mm，并应严格遵守型材厂家提供的制作规定。

（3）在冲压机上加工。冲压机包括两部分：冲压装置和冲压模具。冲压装置包括床身、工作台和冲模夹持装置及传动装置。冲压模具是冲压机的一个组成部分，使用冲压模具可直接对型材进行冲压加工。冲压模具主要包括冲头和冲模，有单冲头和多冲头及相应的支撑板。装五金件的槽和孔，可用多冲头一次完成，也可分别冲出槽和孔。

机床的可调节支架或专门型号的冲模，有助于工件的安装。工作台上有快速定位夹紧装置，并与上方的冲头联合协调工作。一般情况下，冲压只对型材的端面进行，在冲压空心型材时应在空心型材内装入合适的支撑块，要注意工具的清洁和冲头的冷却。

↑冲压模具

↑冲压机上加工

（4）在仿形铣床上加工。仿形铣床有两种基本型式：一种为平面铣，在上方装有一把垂直铣刀；另一种为多面铣，在上方和侧面装有多把铣刀。多面铣的优点是工件只需装夹一次，可对直角两面同时进行加工。如加工门型材时，可同时对门锁槽和门锁孔进行加工。

（5）在端面铣床、钻床上加工。端面铣床的圆盘铣刀由多把刀具组成，通过更换或调整刀片，可铣削不同端面的型材。钻床上加工钻孔时转速很高，对只有几毫米壁厚的铝合金型材，可使用普通的麻花钻头，与钻钢板方式相同。若钻孔位置精密要求高，如窗角或厚角码，可使用与产品系列相配套的钻模。良好冷却可提高钻孔质量，延长工具寿命。

图解小贴士

常用的门窗铝型材有60系列、70系列、80系列、90系列等，根据其截面形状，可以分为实心型材和空心型材，而空心型材的应用量较大。铝合金型材用于铝合金门窗，其中要求铝合金窗壁厚不低于1.4mm，铝合金门不低于2mm。铝门窗型材的长度尺寸分定尺、倍尺和不定尺三种。定尺长度一般不超过6m，不定尺长度不少于1m。

↑壁厚2.0mm的实心铝合金型材

↑壁厚2.0mm的空心铝合金型

图解小贴士

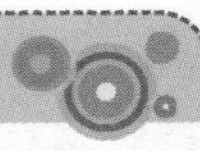

常用的门窗铝型材有60系列、70系列、80系列、90系列等，根据其截面形状，可以分为实心型材和空心型材，而空心型材的应用量较大。铝合金型材用于铝合金门窗，其中要求铝合金窗壁厚不低于1.4mm，铝合金门不低于2mm。铝门窗型材的长度尺寸分定尺、倍尺和不定尺三种。定尺长度一般不超过6m，不定尺长度不少于1m。

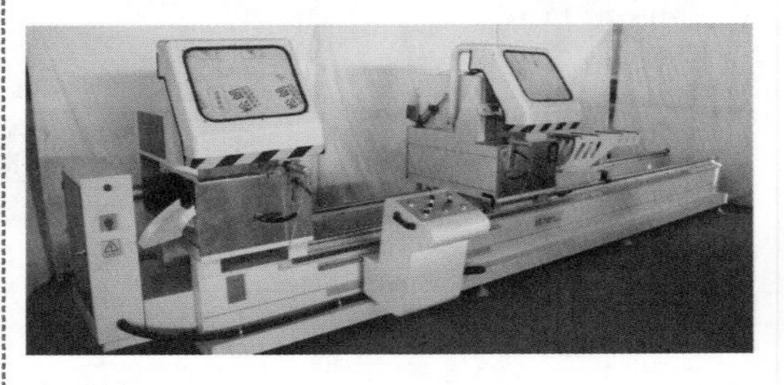

↑下料锯

↑端面铣床

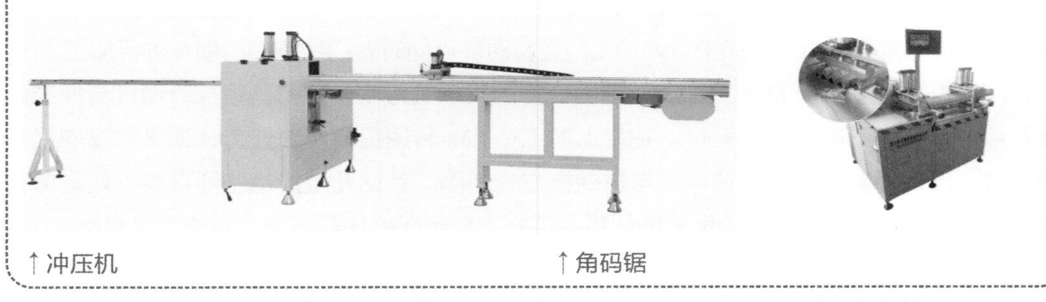

↑冲压机

↑角码锯

（6）铝合金型材下料操作规程及生产工艺标准。 检查机器运转情况,铝型材的规格、品种、表面处理方式、外观质量，与设计图纸要求一致。切割角度与图纸要求一致，并且夹紧力适度,防止型材变形。加工及搬运过程中应轻拿轻放，防止磕碰、划伤及变形。加工过程中严禁身体任何部位进入危险区域，加工后的型材严禁与地面直接接触，必须分类码放，整齐有序。

图解小贴士

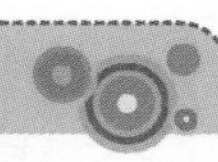

判断铝合金门窗设备的好坏

（1）用料。质量好的铝合金门窗设备使用的型材，应符合相关的国家标准规定。铝合金型材的壁厚应在1.2mm以上，抗拉强度达到157N/mm^{2}等，如未达到是劣质铝合金门窗设备。

（2）加工。劣质的铝合金门窗设备，加工出来的产品粗劣，密封性能差，不能开关自如，不仅可能会出现漏风漏雨的现象，且遇到强风和外力，非常容易碰落。优质的铝合金门窗设备加工的产品精细，密封性能好，开关自如。

（3）价格。优质的铝合金门窗设备较劣质的设备要贵，因而生产成本相对而言要高，而利润则会减少。使用不合格的型材制作铝合金门窗，会造成一些列的安全问题。

6.6 数控设备选购与运用

数字控制是近代发展起来的一种自动控制技术，是用数字化的信息实现机床控制的一种方法。数控系统是一种新型控制系统，能方便地完成加工信息的输入、自动译码、运算、控制，从而控制机床的运动和加工过程。数控机床对零件的加工是严格按照加工程序中所规定的参数及动作执行的，它是一种高效的自动或半自动运行的机床。近几年计算机技术的发展，已经大规模应用到数控系统中，由于数控装置采用计算机来完成管理和运算功能，使数控系统的可靠性大大提高，价格也大幅度下降。

数控机床是具有广阔前景的新型自动化机床，是高度机电一体化、自动化的产品，最早主要应用在数控钻床、车床、铣床等要求精度较高的机床上。数控技术在铝合金门窗加工行业内的应用在最近几年才逐渐开始，应用范围也还较窄。但随着铝合金门窗技术的发展，铝合金门窗加工行业对数控加工技术的需求逐渐增加。

整个数控装置要完成的工作有开机初始化、数控程序的编译、启动机床、进行刀具轨迹的计算、插补计算等项工作，然后将计算结果送给每个坐标轴。

↑数控装置

↑装置操控

1. 数控门窗加工设备发展现状

铝合金门窗加工工艺中主要的加工工序是型材下料、各种孔形钻铣、组装等，针对这些工序国内外门窗加工设备制造公司主要生产的设备有数控切割锯、多轴数控钻铣床、多轴加工中心等，加工具体内容主要是锯切、铣、镗、攻螺丝、组角等工序。一般来说三轴钻铣床只能加工正上面的孔形，四轴可绕型材进行180° 角度加工，五轴钻铣床可在360° 内进行斜孔加工。国外专业从事门窗加工设备制造的公司有德国和意大利合资的安美百事达（AMEPRESSTA）、德国叶鲁（ELUMATEC）、意大利飞幕（FOM）等，这些公司这些年来相继生产、研制出数控门窗加工设备，包括可达6个控制轴的加工中心，技术已达相当水平。

目前，国内率先推出了数控双头切割锯、数控摆角双头切割锯、数控钻铣床、单头加工中心、双头加工中心。数控摆角双头切割锯，实现三轴运动控制，双头加工中心及数控钻铣床采用3×2轴运动控制，可双头同时操作，大大提高工作效率；数控钻铣床、加工中心可完成六轴运动控制。

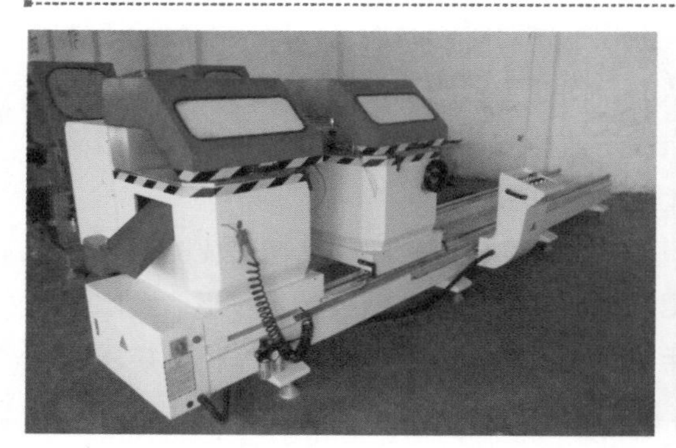

↑数控双头切割锯

↑数控激光切割

2. 铝合金门窗加工行业对数控加工技术的需求

（1）要求提高生产效率。在我国，门窗企业承揽工程时，往往面临工期短，生产量大，供货需求急等问题，而且加工周期加长，势必造成资金积压，增大产品库存，不利于企业的发展。因此原有的生产横式，老式的加工设备已经严重地制约企业的发展。

（2）提高加工精度。目前，国家对建筑门窗节能提出了严格的要求，原来普通的铝合金门窗基本退出建筑门窗市场，取而代之的是满足节能要求的新型节能门窗，如隔热铝合金门窗、铝木复合门窗等。为了达到良好的节能效果，对产品质量及加工、组装提出了更高的要求，包括产品质量要求、加工精度要求、操作人员素质的要求及质量管理水平的要求等。

（3）加大设备的有效使用面积。数控加工设备整体较大，且能够在一台设备上完成多个加工工序。相对于传统的加工设备，生产资源和使用面积的综合使用效率有所提高，能省去常规设备如冲床、铣床、钻床等。减少了烦琐的不同设备的不同工序。

（4）提高综合能力。现今铝合金门窗行业竞争激烈，特别是一些中小企业星罗棋布，靠拼设备，拼人力在市场上占有一席之地。虽然采用先进设备的前期投入较大，但通过规模化生产可增强企业的市场竞争能力，增加利润。因此，对于大中规模的铝合金门窗企业来说，选用先进的设备，提高生产效率、加工质量、市场竞争能力是刻不容缓的。

↑数控机床

↑数控弯圆机

3. 数控门窗加工设备发展方向

（1）数字化、网络化。将来的企业，需要通过提高技术水平、管理水平、运营方法等来增强市场竞争力。未来生产管理逐步实现计算机网络化生产和管理，并逐步提出电子商务的概念，从订单开始，到设计、加工、组装、储存、交货的所有流程通过网络化实现。目前还只具备这种生产形式的雏形，只实现了单个工序或部分工序组合的自动化。

（2）柔性加工系统。多台数控机床在统一的管理下，实现统一输送、下料、钻铣、组装、入库等工序，这样就构成柔性加工系统（FMS），这样发展必然要求数控设备进行通信联网。这与网络化、数字化发展相互促进、相互制约。

↑铝合金门窗设备

↑安装铝合金门窗

6.7 运输及储存

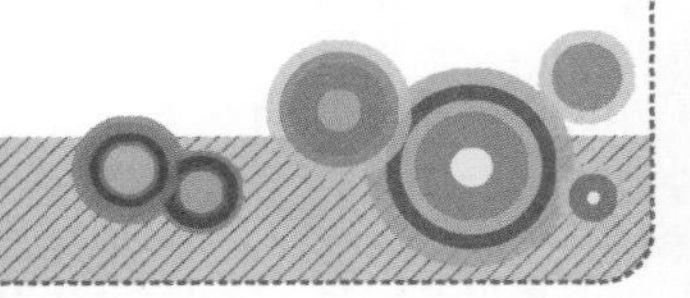

铝合金门窗具有强度高、重量轻、耐腐性强、结构新颖、装配方便、用材节省、经久耐用的特点，但是不合理的保养、安装和维护也会影响铝合金型材产品的外形美观、表面的色泽。

↑铝合金门窗建筑效果

↑建筑铝合金玻璃幕墙效果

1. 运输与保管

（1）铝合金门窗的运输工具应保持清洁，并有防雨水设施。运输时铝合金门窗应竖立排放，不得倾斜、挤压。各樘门窗之间应采用软质材料隔垫，五金件要相互错开，门窗要用绳索绑紧，做到稳固可靠，防止因车辆颠簸而损坏铝合金门窗。

（2）装卸铝合金门窗时应轻拿、轻放。采用机械设备吊运门窗时，应在底部采用牢固、可靠的吊运托架且在其表面采用软质材料衬垫防护。

（3）门窗运输到工地时，应选择平整、干燥的场地存放，且避免日晒雨淋。门窗下部应放垫木，不得直接接触地面。

↑铝合金门窗的仓库存放及运输

↑铝合金门窗安装场地立放

门窗应立放，立放角度不应小于70° ，并应采取防倾倒措施。严禁存放在腐蚀性较大或潮湿的地方。

2. 物料存放

（1）铝合金型材的存放。铝合金型材要有专门的储存场所，不应存放在室外露天场所。当生产车间空间足够时，为方便生产，可存放在车间一端。存放铝型材的场所，要求远离高温、高湿和酸碱腐蚀源，铝合金型材不能直接接触地面存放，要放在型材架上，按规格、批次分别存放，节约空间，方便存取。为防止铝合金型材变形，6m长的型材应用3～4个型材架，型材架之间的间距不应超过1.5m。当型材批量较大，需要在室外临时存放时，型材底部应垫高20～30cm，形成3～4个支撑点，型材上面覆盖篷布，防雨防晒。

（2）五金件及其他辅助材料的存放。五金件和胶条、毛条等辅料，要有专门的库房存放，库房必须防火、防潮、防蚀、防高温。各类物资要分别存放于不同的货架上。仓库存储的物资要设置材料台账和材料卡，台账要记录存储物资的名称、规格、数量、价格、收发日期；材料卡记录存储物资的名称、规格、数量和收发日期,挂贴在存储物资上。收发各种物资后须及时在材料台账上和材料卡上进行登记，以保证各种物资账、物、卡相符。

（3）玻璃的存放。玻璃是易碎品，且不宜搬运。玻璃的存放要注意：一是要分类存放在玻璃架上，按不同规格、种类分类详细记录，在台账上和玻璃实物上记录

↑铝合金型材仓库

↑铝合金门窗框架的摆放

↑铝合金门窗密封胶条

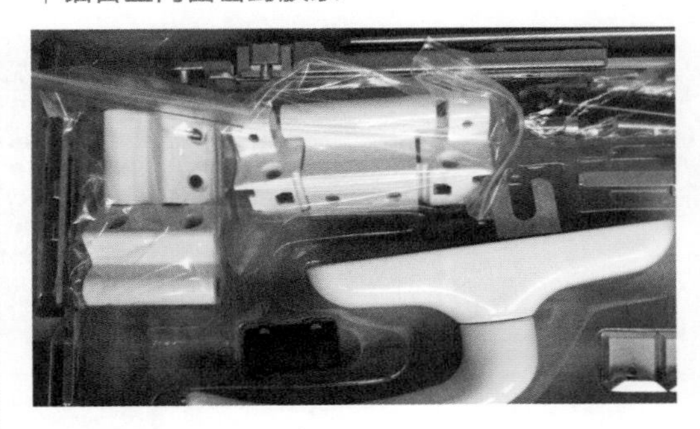

↑铝合金门窗五金件

合同号、规格、品种、数量等信息，保证账、物、卡一致。二是要放置在合理的位置，方便存取。三是要防雨、防高温、防尘、防撞。

↑铝合金门窗的玻璃

图解小贴士

铝合金门窗运输及装卸注意事项

装运铝合金门窗的运输车辆应保持清洁，且装有防雨设施，避免淋雨损坏产品。在摆放时要注意铝合金门窗应竖立排放，不得倾斜或挤压，五金件必须要错开摆放，避免摩擦损坏。装车后需要用绳索固定牢固。

吊运或装卸铝合金门窗时，其表面应采用非金属软质材料衬垫，需轻拿、轻放。运送到工地时，必须存放到平整、干燥场地，且不得直接接触地面，应放置在垫木上。

→装运铝合金门窗

→铝合金门窗存放在垫木上

6.8 成本核算与控制

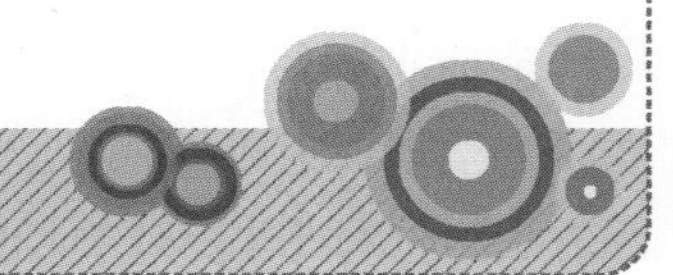

产品成本是反映企业经营管理水平的一项综合性指标，企业生产过程中各项耗费是否得到有效控制，设备利用是否充分，劳动生产率的高低、产品质量的优劣都可以通过产品成本这一指标表现出来。铝合金门窗产品成本高低直接关系到企业的经济效益，在销售合同确定后，销售价格就基本确定，成本高利润则低，要保证合理的利润，就必须对成本项目进行控制。

↑店铺铝合金玻璃门

↑住宅铝合金玻璃窗

1. 产品成本构成

产品成本是企业为了生产产品而发生的各种耗费。是指企业为生产一定种类和数量的产品所支出的生产费用总和。

产品成本有广义和狭义之分。广义的产品成本包括：产品的开发设计成本(上游)、产品的生产成本(中游)、维护保养成本和废弃成本(下游)等一系列与产品有关的所有企业资源的耗费。相应地，对于产品成本控制，只需控制这三个环节发生的所有成本。狭义的产品成本是指产品的生产成本，而将其他的费用放入管理费用和销售费用中，作为其间费用，视为与产品生产完全无关。铝合金门窗产品成本项目包括以下几方面。

（1）直接材料。包括铝合金型材、五金件、密封材料、其他辅助材料等。

（2）直接工资。生产工人工资、安装工人工资。

（3）其他直接支出。包括宣传费、招待费、利息、税金等。

（4）制造费用。包括水电费、工具费、办公费、维修费、运输费、保险费、检验费，折旧费、交通费、通信费、福利费等。

2. 产品成本控制

从成本项目构成上分析，既要生产制造合格的铝合金门窗，又要使成本不超过计划数，必须采取相应措施，严格控制各成本项目。按铝合金门窗的生产过程，铝合金门窗产品成本可分别在生产环节和安装环节进行控制。

↑在生产环节和安装环节进行控制铝合金门窗产品成本。

↑集中生产降低成本

（1）生产过程成本控制。制定生产环节的经济责任制，实行节奖超罚。直接材料成本占到销售价格的70%～75%，铝型材又占到直接材料的60%～70%，所以生产过程成本控制，首先要严格控制直接材料成本，直接材料不能偷工减料，成本控制要从把好材料消耗关、质量关出发，严格控制采购原材料质量，减少生产和使用过程中的损失和浪费。具体方法如下：

1）严把原材料质量关。对采购原材料严格按要求进行检验，做到不合格材料不人库。杜绝把不合格材料用到铝合金门窗产品上，防止因返工造成的材料和人工的浪费。

2）根据材料单明确限额领料，控制铝型材、五金件、胶条、毛条、螺钉、插接件等生产材料的消耗。辅助材料、玻璃采购计划既作为物资采购的依据，又作为仓库收发和车间领用材料的依据。

3）严格控制下料、组角和组装等关键工序的质量。必须严格按操作控制程序和工艺操作规程要求进行，严格遵守三检和首检制度。

4）各工序严格按工艺规程操作，保证产品质量。人力资源的合理利用和控制，使用运输工具，降低劳动强度，减少搬运时间，提高工作效率，降低人工成本。可采取基本工资与计件工资相结合的工资管理模式，配合材料及配件计划单进行考核，有具体的、易操作的奖罚制度，切实落实。

（2）安装环节成本控制。安装环节成本控制主要可注意以下问题：

1）工地原材料的存放要整齐有序，减少损坏和丢失。根据现场条件和施工进度将材料分批进场，并做好材料进场检验与记录。

2）样板先行，避免大面积返工，造成浪费。

3）制定安装质量检验制度并严格实施。实行自检、互检，逐樘检查，避免侥幸心理。

4）合理安排物料运输。如高层施工玻璃的运输须在施工洞封闭前将玻璃运到每层。

5）合理安排施工顺序，避免重复工作和材料损坏。如内外墙镶贴或抹灰未完成前，坚决不能安装玻璃。

6）人力资源合理安排，根据施工计划提前组织人员，避免集中突击，无法保证质量及进度。

7）根据企业自身情况，确定采取何种方式：承包制或公司内部设立安装队。

8）及时做好变更签证，工程决算时做到有据可查。

↑有序存放的铝合金原材料

↑有序存放的玻璃加工成品材料

铝合金门窗组装工序由许多子工序组成，铝合金门窗组装的所有工序统称为组装工序。铝合金门窗的的种类繁多有推拉门窗、平开门窗等，因而安装工序及组装方法各不相同，本章将逐一介绍各个门窗相应的安装方法，同时也会帮助大家解决安装过程中出现的一系列问题。

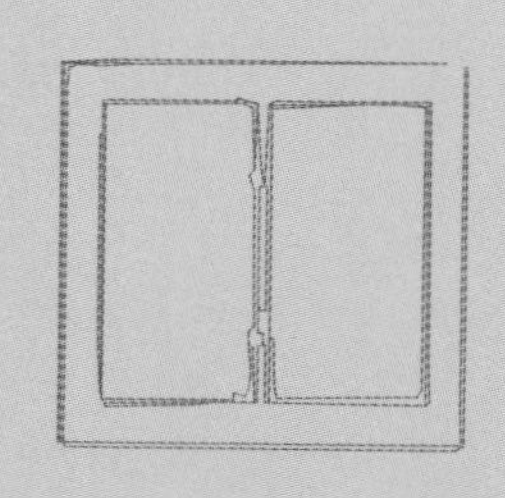

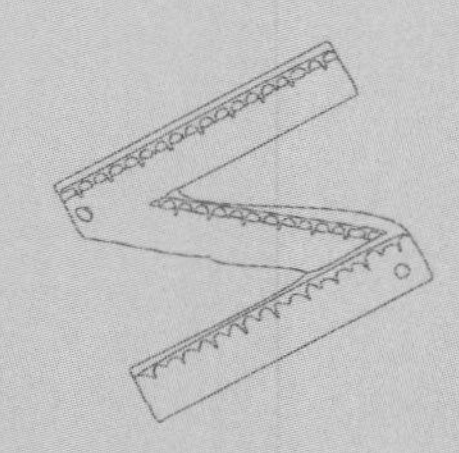

Chapter 7

铝合金门窗组装

识读难度：★★★★★

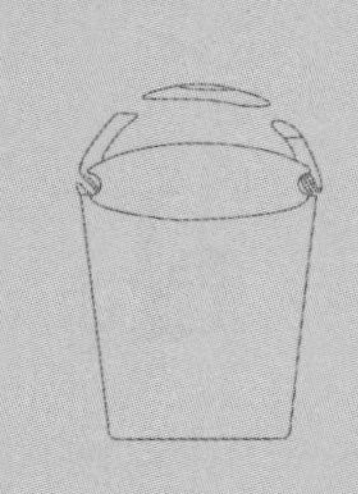

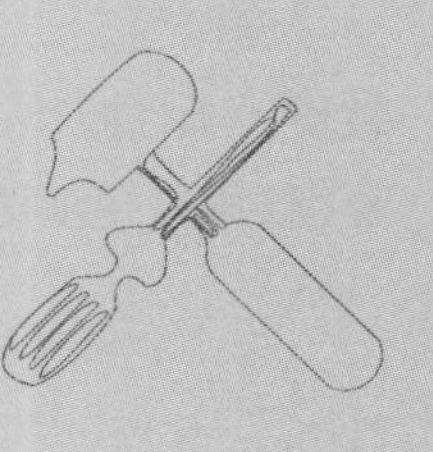

7.1 推拉门窗组装

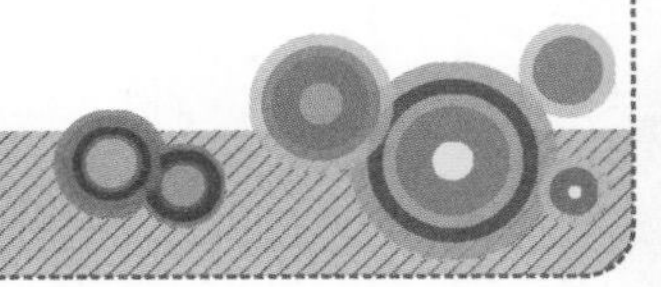

铝合金推拉门窗的组装包括框的组装、扇的组装以及五金件的组装。框的组装一般有安装防风块和防撞块、型材截面腔体安装密封块、接口处均匀打结构胶、直角对接（或垂直对接）、上压线等工序。扇的组装一般有扇料穿毛条、下方安装滑轮、安装上下付挡、安装锁钩、套内扇玻璃、打螺钉组装、打胶等工序。

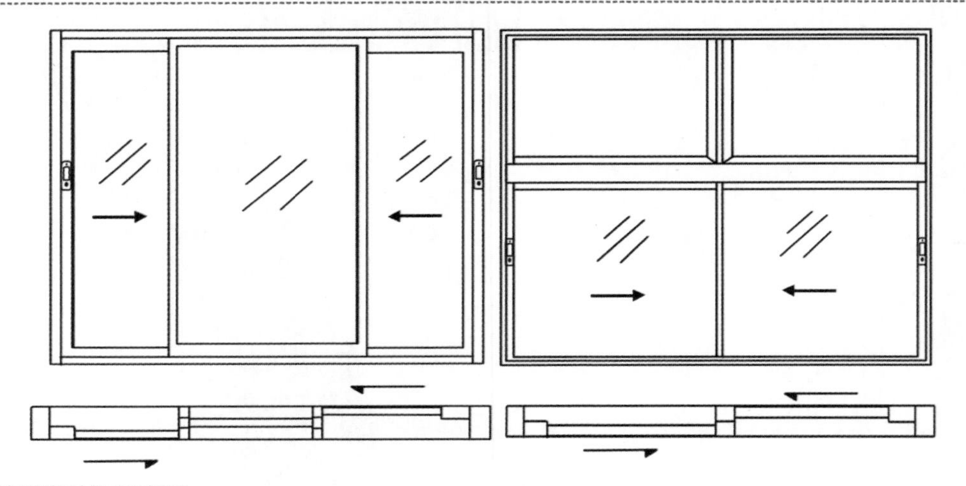

↑推拉门窗结构示意图

1. 门窗框的组装

先量出上框上面的两条紧固槽孔与侧边的距离和高低尺寸，再按此尺寸在门窗框边框上部衔接处画线钻孔，孔径应与紧固螺钉相配套。然后将柔性胶垫置于边框槽口内，再用自攻螺钉穿过边框上钻出的孔和柔性胶垫上的孔，旋进上框上的固紧槽内。

连接固定时，应注意不要将上、下框滑道的位置装反，柔性胶垫不能缺少，上、下框滑道的轨面一定要相对应，否则窗扇将不能在上、下滑道内滑动。

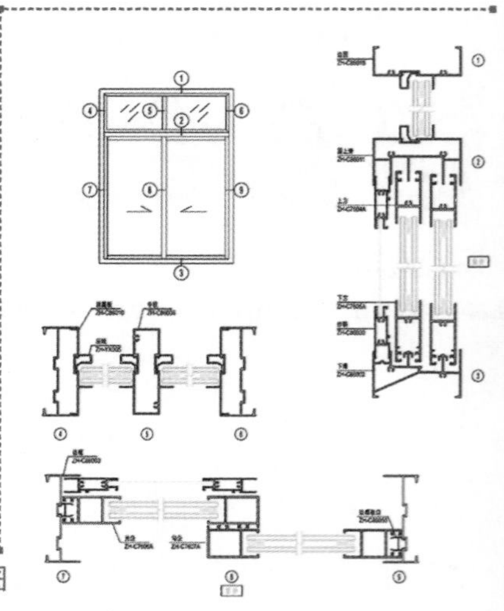

→普通铝合金推拉窗窗框结构示意图

2. 门窗扇的组装

门窗扇组装时，应先将门窗扇的边梃和中梃衔接处各钻三个孔，中间的孔是滑轮调整螺钉的工艺孔，并在门窗扇的边梃上做出上、下切口，固定后边梃下端与中梃底边应齐平。

↑窗框架的组装示意图

↑预装

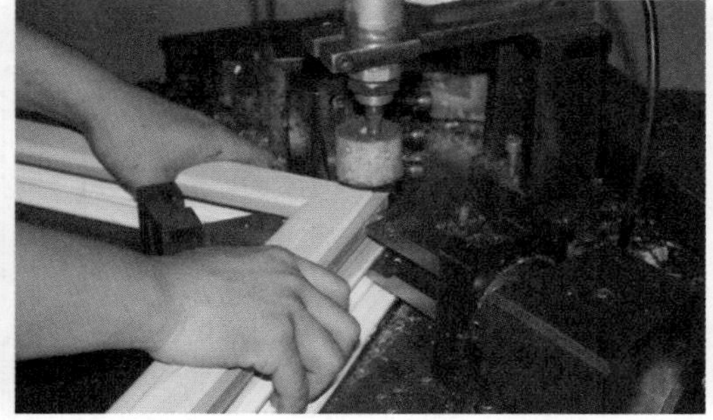

↑钻孔

↑拼装

图解小贴士

认识区分边梃、中梃

如右图所示，红色线条框选的部分是边梃，与墙体连接的窗框部分，也就是门窗的边框。蓝色线条框选的部分是中梃，连接并分隔边梃，主要用于支撑窗体及分格窗玻璃，是固定在窗体框架上不能活动的部分。注意不是所有的窗体都会有中梃，有的窗型只有边梃。

↑铝合金边梃、中梃示意图

铝合金门窗角码

铝合金门窗角码是指门扇及外框的连接件，一般由铝、胶、锌等材质制作。铝合金门窗角码分为固定角码和活动角码两类。

1.固定角码需要按要求尺寸进行切割，最后将切割好的角码插入型材腔室内，再用组角机将组角固定牢固，通常组装完成之后就无法进行调整或替换，需要安装人员在组装过程中仔细检查。

2.活动角码需要根据实际要求来进行切割钻孔，再用螺钉、弹簧等相关组件对型材及角码进行连接组装，安装好的角码连接能够任意调整。相较固定角码而言，活动角码的连接性能整体比固定角码高很多。

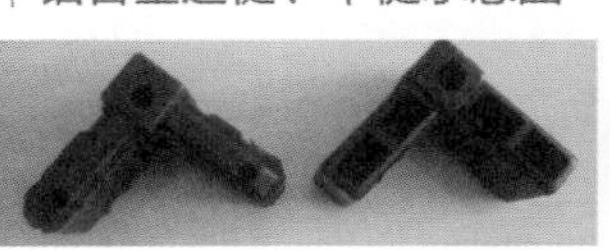

↑固定角码　　↓活动角码

3. 五金件的组装

（1）滑轮的组装。在每个中梃的两端各装一只滑轮，其安装方法是：把铝合金门窗滑轮放进中梃一端的底槽中，使滑轮上有调节螺钉的一面向外，该面与中梃端头平齐，在中梃底槽板上画线定位，再按画线位置在中梃底槽板上打固定孔，然后用滑轮配套螺钉，将滑轮固定在中梃内。

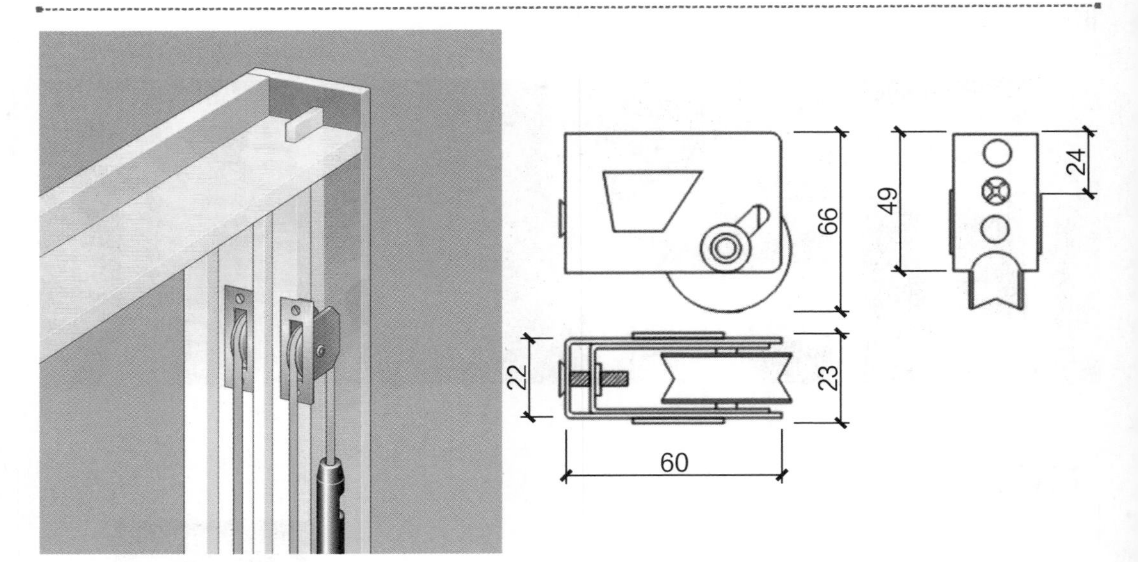

↑推拉门窗滑轮节点图

图解小贴士

测量门窗滑道间距与选择滑轮型号

选购质量好的滑轮能使推拉门窗更好的滑动，滑轮也是推拉门窗中一种不可忽视的配件。滑轮的外轮多为尼龙纤维或全铜质地，尼龙纤维质地的滑轮拉动时没有声音，但不如铜质滑轮耐磨。滑轨多为合金质地或全铜质地，可根据所适用的门或窗的质地来选择。在选择与推拉门窗匹配的滑轮时，要注意测量门窗轨道间距，依据测量的间距来选择合适型号的滑轮。

→门窗滑道间距尺寸加上2mm左右为滑轮尺寸过宽会导致无法安装。

（2）门窗锁的组装。

1）铝合金推拉门窗月牙锁的安装。第一步先测量螺钉孔洞的中心距离。不同型号的月牙锁，对应安装的孔距都是不一样的。在打锁孔洞的时候需要测量实际购买月牙锁的尺寸。第二步选择合适大小的月牙锁。过大或过小的锁都是不合适的，需要仔细测量窗户尺寸，再来比量购买合适的。第三步安装月牙锁。将月牙锁的孔洞与窗框上的孔洞对齐，放上配套的螺钉，最后用螺丝刀将螺钉拧紧，固定好月牙锁。

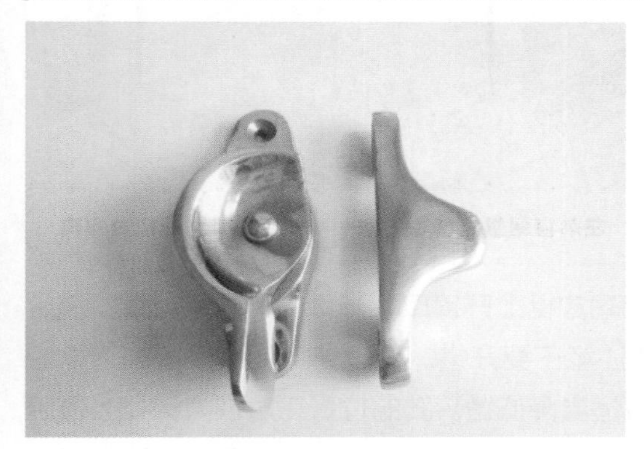

↑短柄月牙锁

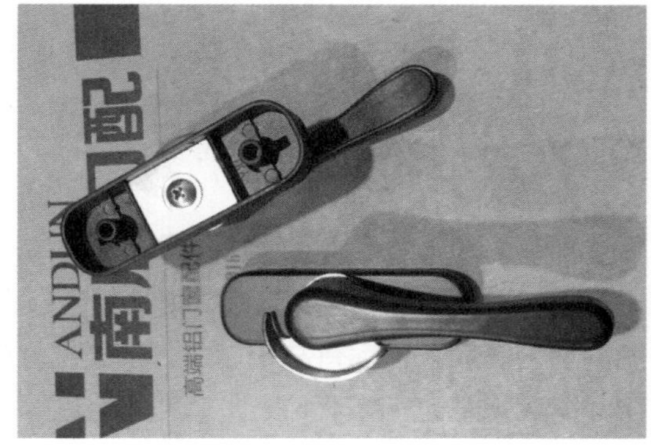

↑长柄月牙锁

↑测量螺钉孔距

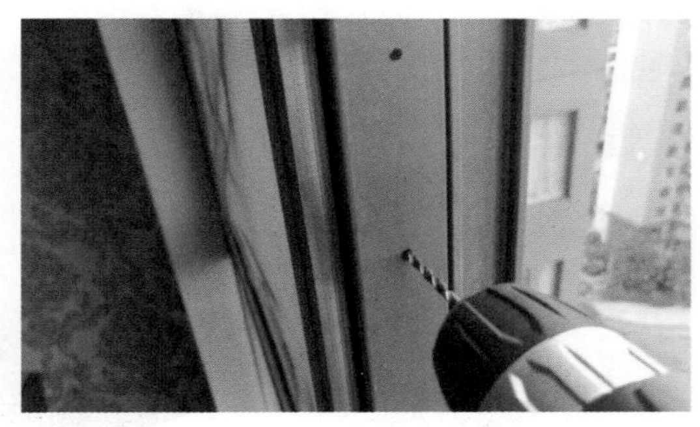

↑定位钻孔

↑对齐固定

↑安装完成

图解小贴士

区分铝合金窗左右装锁

通常窗户锁芯都是做成内扇在左、外扇在右的型式，可以以此来区分。同时按这个正确的装法，安装好后，当开启锁时锁把是朝下的，关闭时锁把是朝上的。

左扇窗朝里选择左方向　右扇窗朝里选择右方向

2）钩锁的安装。安装窗钩锁前，先要在窗扇边梃上开锁口，开口的一面是窗扇安装后面向室内的面。窗扇有左右之分，开口位置应注意不要开错。一般窗钩锁装于窗扇边梃的中间高度，如窗扇高于1.5m，窗钩锁的位置可适当降低些。孔的位置正对锁内钩处，最后把锁身放入长形口内，通过侧边的锁钩插入孔中。检查锁内钩是否正对锁插入孔的中线，内钩向上提起后，钩尖是否在圆插入孔的中心位置上。如果完全对正后，扭紧固定螺钉。

↑长钩锁

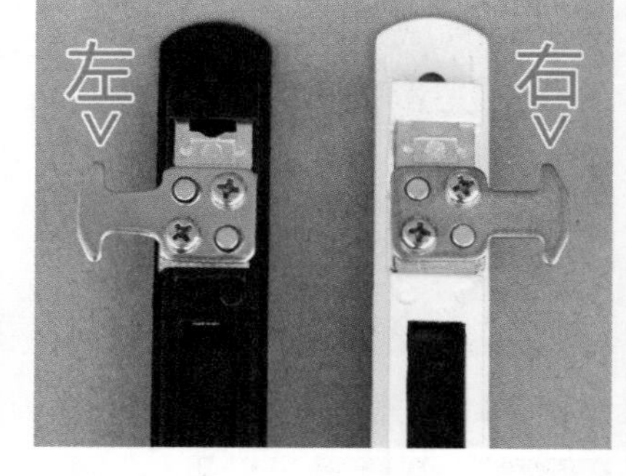

↑左右方向

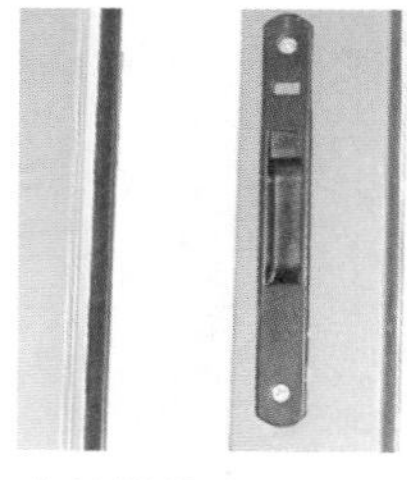

↑关锁状态

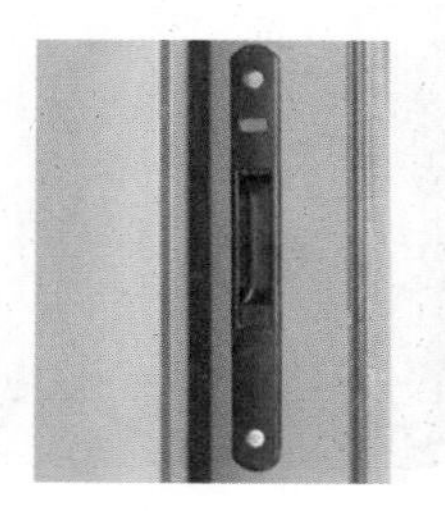

↑开锁状态

↑锁头细节

↑锁钩细节

7.2 平开门窗组装

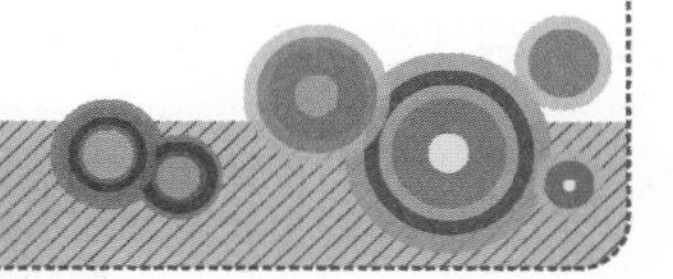

铝合金平开门窗的组装包括框扇组角、框扇中横（竖）工料的连接以及五金配件的组装。平开窗窗框的组装有穿胶条、打组角胶、组角、拼接、上压线等工序。门窗扇的组装一般有穿胶条、打组角胶、套角码、组角、安装滑撑、安装传动杆、套内扇玻璃、打胶等工序。

↑平开门窗结构示意图

1. 平开门窗的组装方式

（1）组装方式。平开铝合金门窗的框、扇组装方式一般采用45° 角对接。通常情况下，45° 角对接至少有5种组装工艺：螺接、铆接、挤角、拉角和涨角。目前，我国大多数门窗生产企业主要采用挤角（也有叫撞角或冲铆角）组装工艺，也有少部分企业采用活动角码螺接工艺。铝合金门窗的挤角工艺是用组角机挤压铝型材底面使之与角码紧密结合。这种组角方式的工作原理是：组角机的挤角刀顶进铝型材表面时，铝型材变形使得角码固定于型材腔内，从而将两部分铝合金型材连接在一起。采用挤角的组装方式需要根据型材的壁厚、两空腔间距及角码的尺寸确定挤角刀的角度、进刀深度和宽度及刀具间距。当根据型材及角码调整好组角机参数后，挤角工艺则具有工效高、能大批量生产，机械化水平高的特点。特别是数控四头组角机的出现，提高了铝合金门窗生产的自动化水平。

（2）组角设备。铝合金门窗采用组角机挤角，只能组装45° 角对接。目前，铝合金门窗组角设备主要有单头组角机、双头组角机及四头组角机。单头组角机一次只能组装一个角，双头组角机一次可同时组装两个角，四头组角机一次可同时组装四个角，一次只能组装一个角，双头组角机一次可同时组装两个角，四头组角机一次可同时组装四个角，即可同时完成一个门窗框或扇的组角组装。由于四头组角机组装要求高，只有四角同时完成，才能保证组角的精度要求，因此，四头组角机为数控操作，自动化水平高。

↑单头组角机

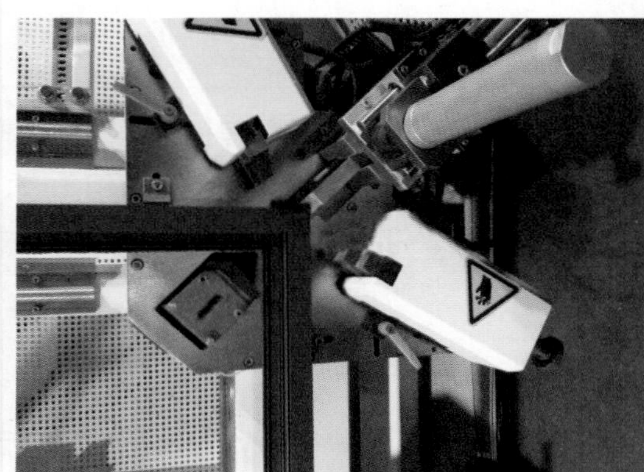

↑组角机门窗框扇的组角组装

下表分别列出了单头组角机设备与四头数控组角机设备的特点。

铝合金门窗组角机设备对比	
单头组角机	四头数控组角机
动力由液压系统控制，工作平稳可靠	可一次完成四个角的角码式冲压连接，生产效率高
左右冲头钢性同步进给，避免组角过程中的无益变形，使窗角连接更牢固	压紧装置自动前后移动，操作方便，窗体尺寸自动调节
同步进给机构使机器调整变得简单	通过伺服系统的力矩监控，实现四角自动预紧
螺纹调节上下组角刀的距离，使对刀工作更方便	组角刀前后左右调整方便，适应不同型材的需要
可配置单刀多点组角刀，使隔热断桥铝门窗组角更加可靠	一次性组框可对型材间的接缝及平面度进行控制，使组框质量具有可预见性

（3）角码。铝合金门窗组角用角码有：铝质角码、塑料角码、活动角码。

1）铝质角码主要用于挤角工艺。铝质角码材料是铝合金挤压型材，角码由设计人员根据铝合金型材腔室空间尺寸确定角码下料尺寸，由操作人员利用角码切割锯将角码铝型材切割成需要的尺寸。

图解小贴士

组角作为铝合金门窗加工中比较重要的一道工序，对于铝合金门窗的质量起到重要作用。组角组的好，铝门窗的牢固性和密封性、美观性就会更好。下面对铝合金门窗组角按照制作工艺进行简单的分类。

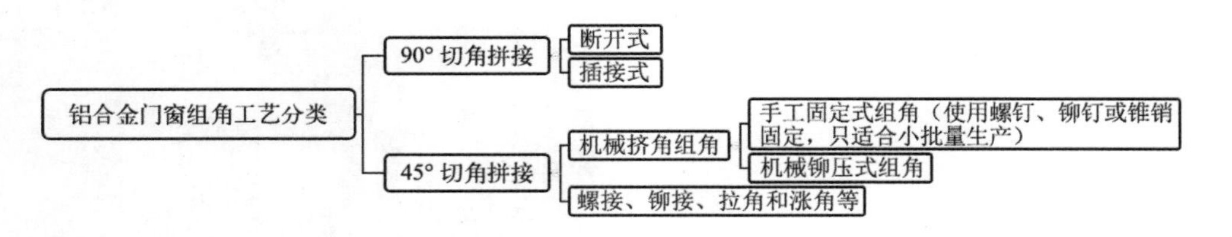

2）塑料角码也是铝合金门窗常用挤角角码，这种角码采用工程塑料制成，多用于纱扇组角。在较大内外开窗扇上面要慎用，因为剪力太大， 塑料角码变形比铝合金角码大。

3）活动角码为铸造件，一般采用锌合金材料。因此，需要根据选用的铝合金型材的腔室空间尺寸专门制作角码，通用性差。角码与铝合金型材的连接采用螺栓连接固定。

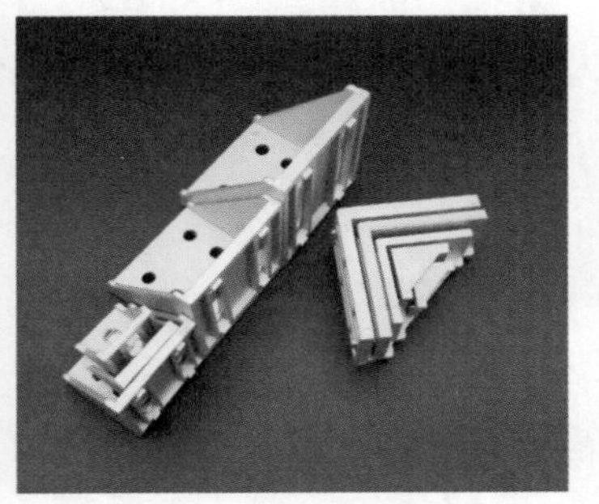

↑铝质角码

↑塑料角码

↑活动角码

（4）铝木复合门窗组装方式。铝木复合门窗的主要结构由普通铝合金或者断桥铝合金型材构成，室外采用耐候性优越的铝型材，室内采用经过特殊工艺加工的木质材料作为装饰。铝木复合门窗最常用型材主要有穿压式和卡扣式。

1）穿压式铝木复合门窗的铝合金型材和木材复合在一起，复合门窗的制作同铝合金门窗类似，木材部分角接之前涂抹木组角胶。

2）卡扣式铝木复合门窗，铝合金型材和木材采用活动卡扣连接，因此铝合金和木材部分采用分别组装，最后合体的组装方式。铝合金部分同隔热断桥铝合金门窗组装方式相同，一般采用挤角的连接方式；木材部分也采用45° 角对接，角接之前涂抹木组角胶，然后用码钉连接。铝材和木材要分别制成独立的框架，然后通过特制的偏心卡扣将铝木复合在一起。卡扣式铝木复合门窗生产设备除铝合金门窗生产设备外，还须增加木材组装设备，即木材切割机和木框码钉机。木材切割锯用于木材的45°角切割，码钉机用于木框的码钉组装。

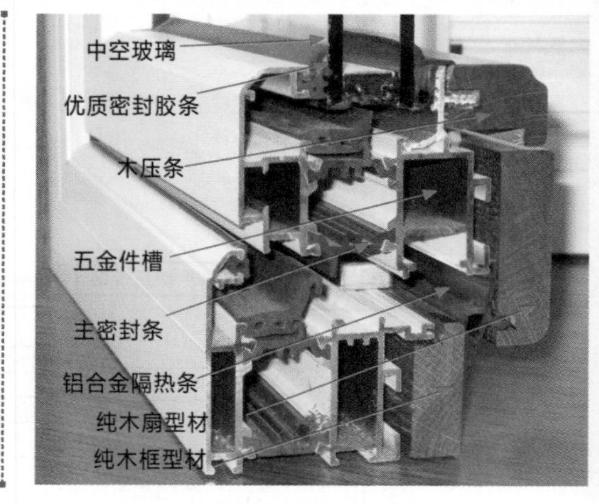

↑铝木复合型材结构示意图

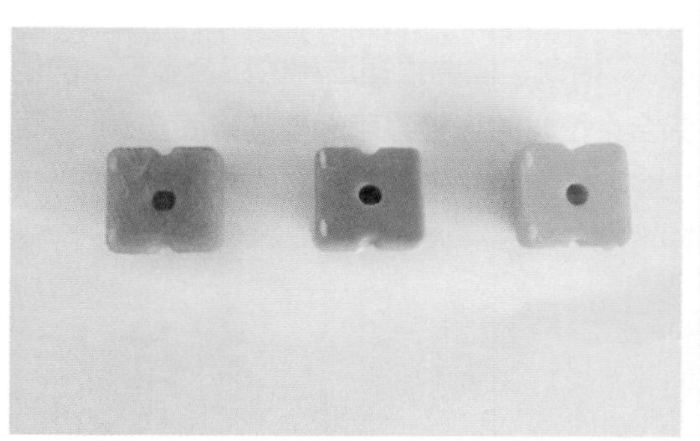

↑铝包木门窗连接卡扣

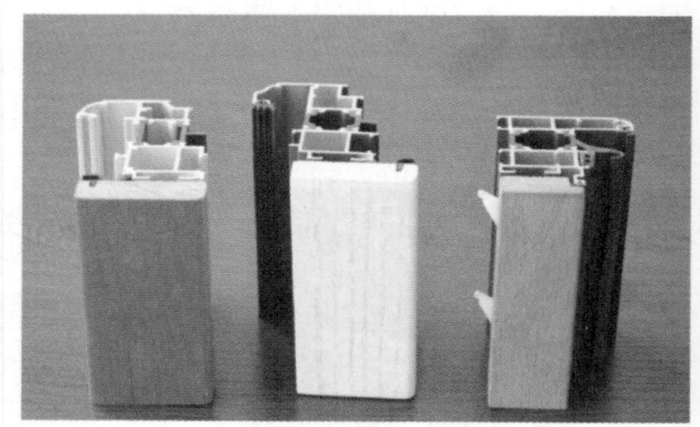

↑铝包木门窗型材

↑使用码钉机进行木框的码钉组装

2. 框、扇组角

（1）组角工艺。

1）挤角工艺。平开铝合金门窗框、扇组装时要在组装的框、扇内插入组角角码，角码插入之前要先涂抹组角胶，角码与框扇型材的连接固定采用组角机挤角的生产工艺。组角胶的作用是用于铝合金门窗组角时使角码与铝型材牢固黏结，辅助冲铆后加固角部区域结合力，消除应力集中于冲铆点，使角码与铝型材粘结牢固可靠。角码的尺寸应与所用型材相配套。

采用挤角工艺，组角胶可以很大程度提高角部强度，由于挤压铝角码空位大，而且直切的断面也不适合组角胶流动，因此组角时易采用导流板。挤压角码使用导流板可以节省组角胶，使用导流板盖在角码两侧面，阻挡多余的密封胶流进角码的空腔，同时提高角部的渗水能力，因为增加接触面的缘故，使得组角胶与铝合金内腔体及角码四周都有了充分的接触。

导流板一般由ABC塑料制作。 采用导流板时，组角胶应采用双组分密封胶，双组分组角胶由注胶孔注入，注胶孔一般开在组角上、下横料上。角码带有导胶槽，双组分组角胶通过孔进入角码内部胶槽，形成连续密封。组角接触面涂断面密封胶。 导流板只在同一尺寸腔体角码用起来比较方便，若在一个型号窗，型材要用到两、三种角码，那样用起来就不方便，且导流板的模具成本也较高。

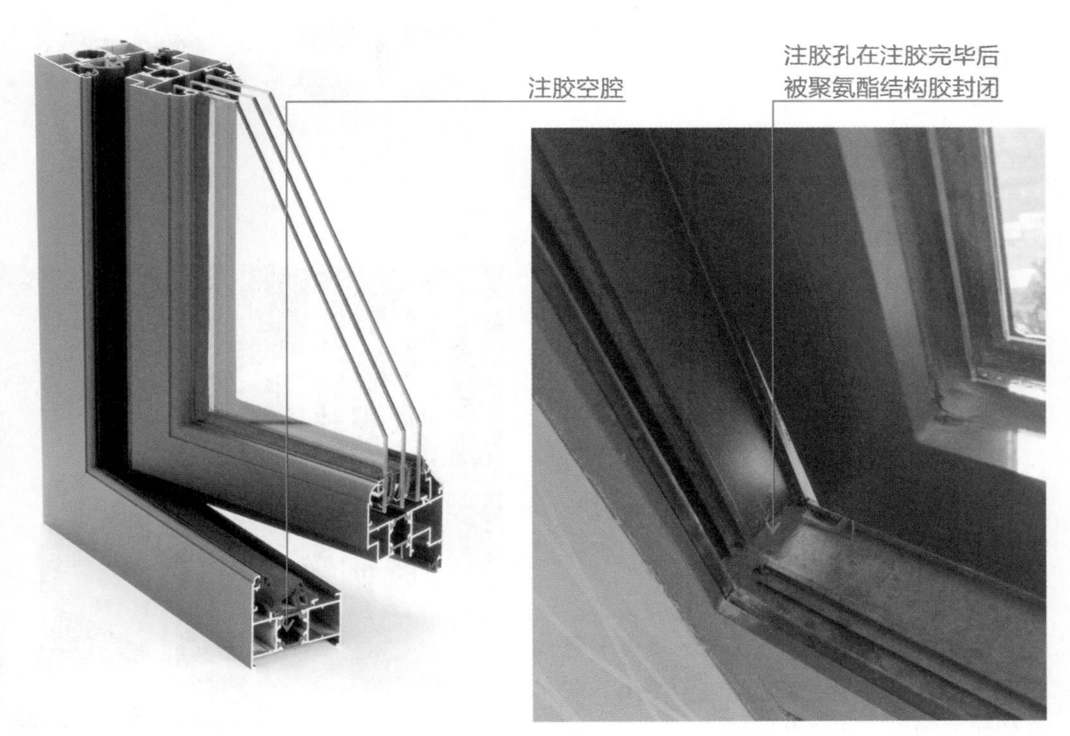

↑断桥铝合金门窗剖面构造

↑断桥铝合金门窗框架剖面构造

2）螺栓连接工艺。螺接工艺组角采用活动角码，活动角码需要根据型材组角空腔尺寸专门制作，专业性强。为了保证螺栓连接组装的精度，采用活动角码螺栓连接组角时，螺栓连接孔应采用与活动角码配套的模具进行开孔。门窗的组角除了可以组装90° 角的连接外，还可以组装任意角度的特殊框、扇连接。

（2）挤角工艺规范。

1）操作前必须检查设备运转是否正常，调整工作压力，在气压达到要求时方可开始工作。

2）按生产作业单和图样要求选用与型材断面配套或匹配模具，模具精度在允许范围内。

3）按照工艺设计要求及型材断面确定定位面、夹紧面，调节好配合尺寸，并进行空车运行试验，确保各组角刀的同步性及一致性。

4）定位准确，及时清理台面和靠模上的碎屑、污物。

5）装卸料时要精心操作，防止造成人为型材损伤。

6）组角后的半成品应整齐码放，静置6h保证组角胶完全干透，用标签标明型号、规格、工程。

7）组角后的型材表面不允许粘有污物、尘土及擦伤。

3. 框、扇中横（竖）连接

门窗框、扇中横 (竖)工料连接是采用榫接拼合，所以在组装前要进行榫头、榫孔的加工制作。榫接有两种方法，一种是

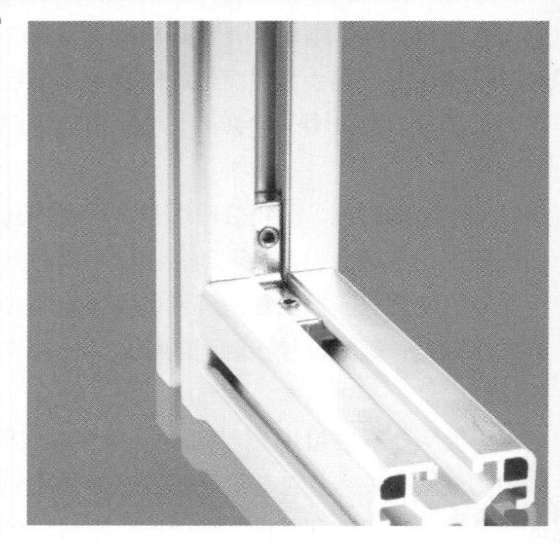

↑型材螺栓连接

↑型材模具

↑铝合金门窗半成品

平榫肩法，另一种是斜榫肩法。前者用于体量较大的落地门，后者适用面更广，覆盖所有铝合金门窗构造。

↑平榫肩

↑斜榫肩

4. 五金配件的组装

（1）平开门窗的合页的组装，应先把合页按要求位置固定在铝合金门窗框上，然后将门窗扇嵌入框内临时固定，调整合适后，再将门窗扇固定在合页上。必须保证上、下两个转动部分在同一轴线上。

（2）普通铝合金窗可选用单点执手，由于它只能在一点上进行锁闭，一般应符合以下规定:

窗框洞口净高度$d \leqslant 700$mm，可只安装一只单头执手，安装高度$h=d/2$。

窗框洞口净高度$d>700$~850mm，双联执手安装高度$h=230$mm。

窗框洞口净高度$d>850$mm，双联执手安装高度$h=260$mm。

上悬亮窗扇宽度$e \leqslant 900$mm，安装一只执手，位置为扇中梃中间$e/2$。

上悬亮窗扇宽度$e>900$mm，安装左、右两只执手，位置为扇中梃各距两端200mm。

（3）对于隔热断桥平开铝合金窗，应采用多点联动执手，通过执手的开关来带动多个锁闭点的开启，各锁点的位置应准确安装，具体可参看锁具的安装说明。

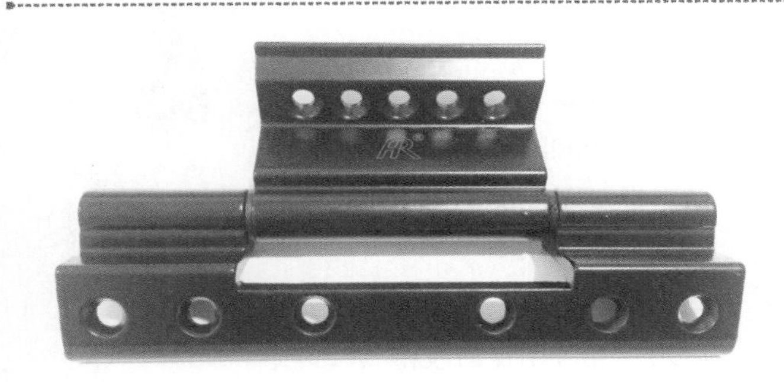

↑平开门窗的合页

↑多点联动执手

7.3 框、扇密封

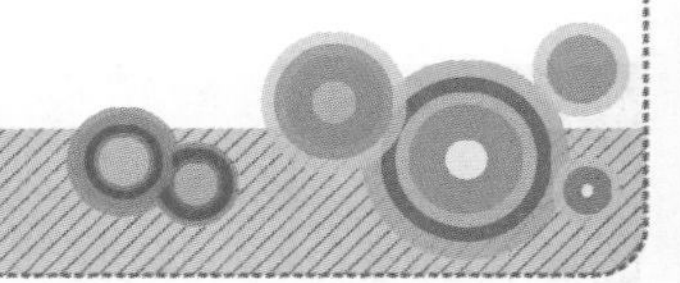

铝合金门窗的框扇密封是指窗框与扇之间的密封，其密封质量应满足门窗的气密性、水密性、保温性、隔声性等的设计要求。 框扇间常用的密封形式有两种，挤压式密封和摩擦式密封。

↑阳台天窗的框扇密封

↑室内落地窗的框扇密封

1. 挤压式密封

挤压式密封，是通过框扇间的压力使框与扇之间的密封材料产生弹性形变来实施，常用于平开门窗中框扇的边缘密封和中间密封。中间密封常用于断桥隔热铝合金门窗，通过增加中间密封胶条（又称鸭嘴胶条），将框扇间空腔分为两个腔室，内侧为气密腔室，外侧为水密腔室。这样在外侧腔室形成等压腔，提高了门窗的水密性能；由于独立的气密腔室，提高了门窗的气密性能和隔声性能；中间密封胶条将框扇间的一个腔室分隔成两个腔室，延续了框扇间的隔热桥，提高了门窗的保温性能。

对于隔热型材的平开铝合金窗的中间鸭嘴密封胶条的角部接头处，应采用45°角对接，且安装完后对接处应用密封胶将接头部位黏结牢固。

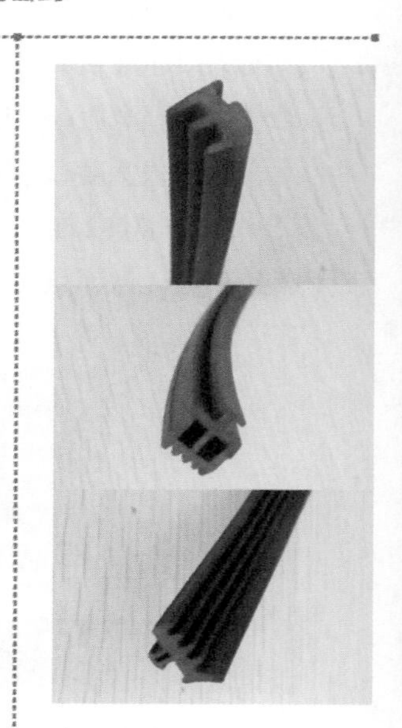

↑鸭嘴式密封条

2. 摩擦式密封

摩擦式密封，是两个平行对应部件缝隙的密封，常用于推拉门窗或转门一般用在两平面窄缝之间用毛条密封较多，用胶条密封较少。采用这种密封方式密封的推拉门窗，可以左右推动，对毛条或胶条的压力不能太大，否则门窗扇的开启力可能较大。这种密封没有挤压式密封效果好。

解决推拉门窗密封效果的有效办法可采用提升推拉式结构设计。其特点是门窗扇开启时先提升再推拉，不对密封带产生摩擦作用，在关闭时又降回原位置，与密封带紧密吻合。其密封材料一般采用胶条密封，可以提高门窗的密封性能。

↑摩擦式密封条门窗框安装

↑摩擦式密封条门窗扇安装

3. 门窗组装构造要求

（1）铝合金门窗构件间连接应牢固，紧固件不应直接固定在隔热材料上。当承重五金件与门窗连接采用机制螺钉时，啮合宽度应大于所用螺钉的两个螺距。不宜用自攻螺钉或抽芯铆钉固定。

（2）为防止门窗构件接缝间渗水、漏气，构件间的接缝应采用密封胶进行密封处理。

（3）门窗开启扇与框间的五金件位置安装应准确，牢固可靠，装配后应动作灵活。多锁点五金件的各锁闭点动作应协调一致。在锁闭状态下五金件锁点和锁座中心位置偏差不应大于3mm。

（4）铝合金门窗框、扇搭接宽度应均匀，密封条、毛条压合均匀。门窗扇装配后启闭应灵活，无卡滞、噪声，启闭力应小于50N。

（5）平开窗开启限位装置安装应正确，开启量应符合设计要求；扇纱位置安装应正确，不能阻碍门窗的正常开启。

7.4 玻璃镶嵌

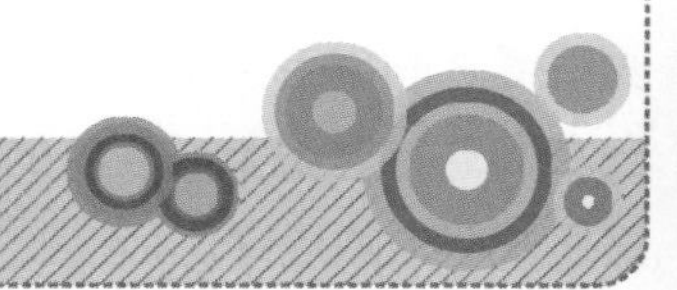

玻璃是玻璃门窗的重要组成，玻璃安装是铝合金门窗组装的最后一道工序，内容包括玻璃裁割、玻璃就位、玻璃密封与固定等。

↑墙面窗玻璃

↑天窗玻璃

1. 玻璃裁割

裁割玻璃时，应根据窗、扇的尺寸来计算下料尺寸，一般要求玻璃侧面及上下都应与金属面留出一定的间隙，以适应玻璃膨胀变形的需要。

目前，我国铝合金门窗产品中，中空玻璃是基本配置，高端门窗甚至配置有Low-E镀膜玻璃或钢化夹层玻璃等玻璃深加工产品。因此，对于大部分门窗生产企业来说，玻璃一般作为外协件采购，不需要自己加工，只需要向玻璃加工企业提出具体要求即可。

2. 玻璃就位

当玻璃单块尺寸较小时，可用双手夹住就位，如果单块玻璃尺寸较大，为便于操作，就要使用玻璃吸盘将玻璃吸紧后将其就位。 玻璃就位时应将玻璃放在凹槽的中间，内外两侧的间隙应根据采用的密封材料（密封胶或密封胶条）及玻璃的厚度的不同而调整。

玻璃的下部应用支承垫块将玻璃垫起，玻璃不能直接坐落在金属面上，垫块的厚度根

↑墙面窗玻璃

↑天窗玻璃

据采用的密封材料（密封胶或密封胶条）及玻璃的厚度的不同来调整。玻璃的其他三边应采用定位块将玻璃固定。

（1）玻璃垫块的材质。玻璃垫块必须采用不易变形的防腐材料，一般用聚氯乙烯或聚乙烯塑料注塑成型。这种塑料具有足够的抗压强度，不会引起玻璃的破碎。不允许使用木材等其他吸水或易腐蚀材料替代。

（2）玻璃垫块的作用。

1）将玻璃重量合理分配到扇框上，门窗的扇框承受来自玻璃的重量，同时还要承受因温度变化、风压、启闭操作所产生的力。门窗制作时应合理布置玻璃垫块，将重力分配到承重扇框上，然后传递到周围的相关结构如框架、合页等组件上。

2）玻璃垫块的合理安装能起到校正扇与框的作用。

3）能够确保门窗使用功能的持久性。

4）能够确保框架槽内水、气流动通畅。

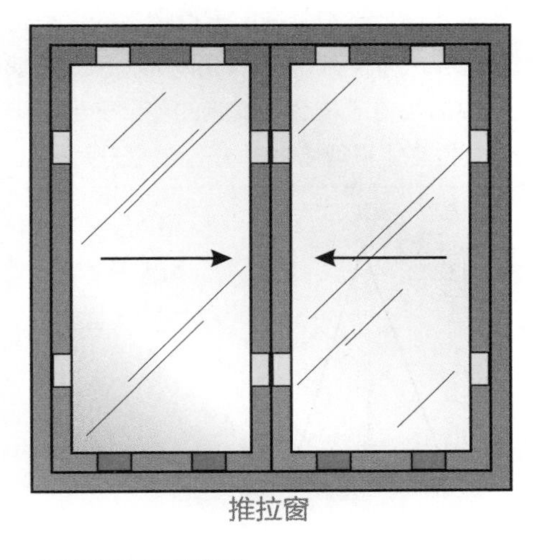

定位垫块

承重垫块

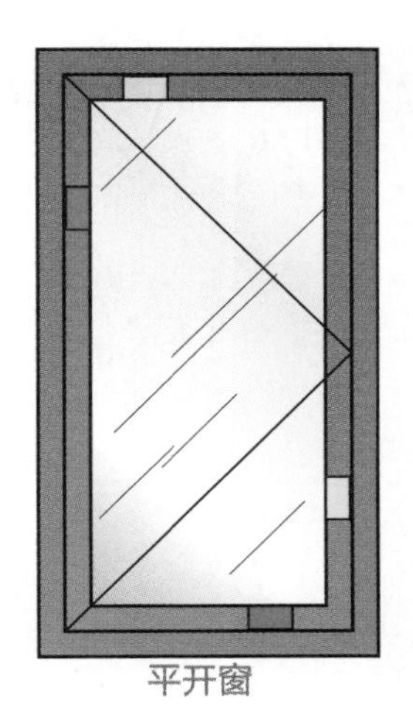

↑玻璃垫块示意图

（3）玻璃垫块的种类。

1）玻璃垫桥。玻璃垫桥又称垫块分解桥或基础垫块。其宽度正好放入玻璃槽底部，厚度与玻璃底槽到压条槽边的高度差相等，长度至少为100mm。玻璃垫桥安装于底部，可以防止在其上面放置的玻璃垫块滑脱移位，为玻璃提供了最佳安装空间，保证了扇框槽底部的水、气流动畅通。

2）承重垫块。承重垫块又称受力垫块，此垫块必须承受玻璃的重量或承受玻璃的压力。承重垫块最小长度不得小50mm，宽度应等于玻璃的厚度加上前部余隙和后部余隙，厚度应等于边部余隙。不同窗型支承垫块的安装位置不同。正确的安装可以将玻璃重量合理分配到扇框上，并能起到对扇框的校正作用，保证门窗的使用功能。

3）定位垫块。定位垫块又称隔离垫块或防震垫块。主要作用是防止玻璃与扇框直接接触，防止玻璃在扇框槽内滑动，门窗关闭时减缓震动。定位垫块长度不应小于25mm，宽度应等于玻璃的厚度加上前部余隙和后部余隙，厚度应等于边部余隙。

常见的玻璃垫块规格有长100 mm /宽20mm 及长100 mm /宽26 mm、28mm，厚度分别为2 mm、3 mm、4 mm、5 mm、6mm。玻璃垫块根据不同厚度采用特定的颜色塑料制作。

（4）玻璃垫块的安装。支承块和定位块的安装位置要确定准确。

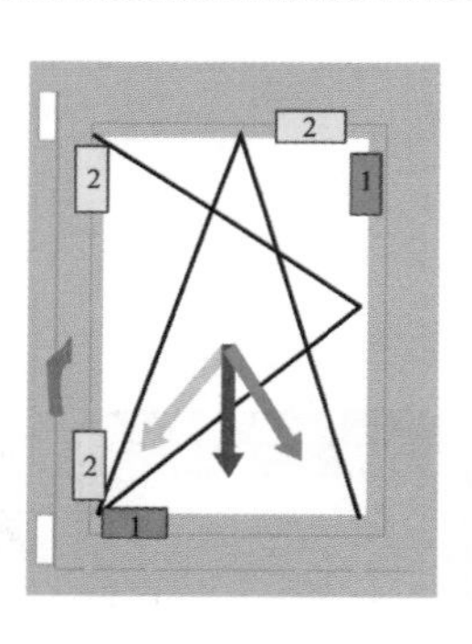

窗扇受力分解

1 承重垫块

2 定位垫块

图解小贴士

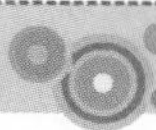

采用固定安装时，承重垫块和定位垫块的安装位置应距离槽角1/4边长位置处。采用可开启安装时，承重垫块和定位垫块的安装位置距槽角不应小于30mm。当安装在门窗框架上的合页位于槽角部30mm和距离1/4边长之间时，承重垫块和定位垫块的位置应与合页安装的位置一致。承重垫块、定位垫块不得堵塞排水孔和气压平衡孔。

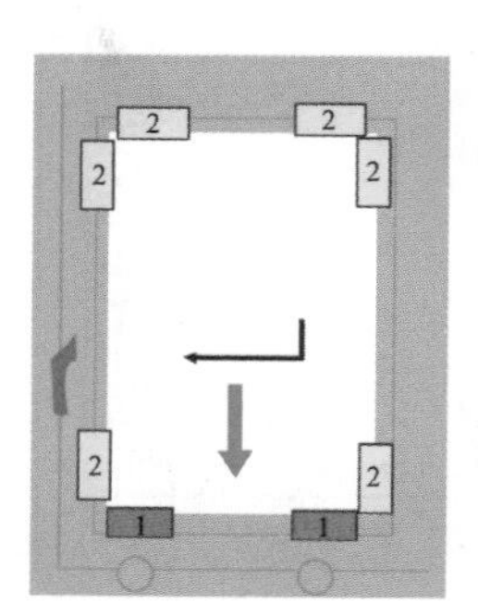

窗扇受力分解

1 承重垫块

2 定位垫块

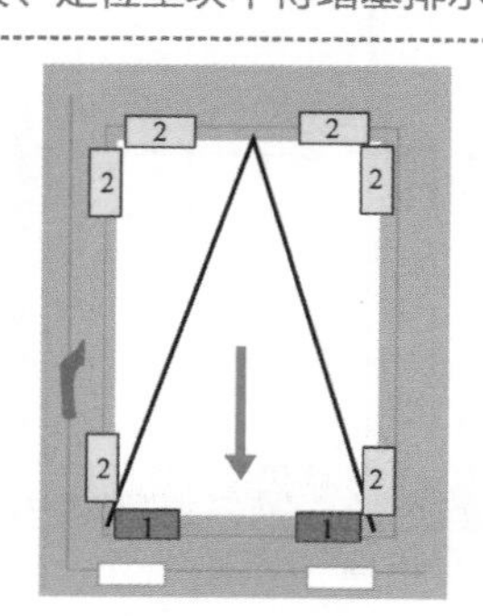

窗扇受力分解

1 承重垫块

2 定位垫块

←↑垫块位置与窗扇的受力分析

图解小贴士

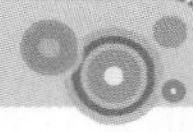

清除玻璃周围的密封胶

密封材料有密封胶、密封胶条、密封毛条。密封胶主要用于镶嵌窗玻璃用，而密封胶条既用于窗玻璃镶嵌密封，又用于密封门窗、框扇。密封毛条主要用于铝合金推拉门窗扇之间的密封。

密封胶是一种具有黏结性的密封材料，具有防泄漏、防水、隔声、隔热等作用，主要是用来填充构形间隙，起到一定的密封效果。密封胶广泛用于建筑、电子仪器仪表及零部件的密封。

（1）用刀刮。用刀片或者其他合适的工具，将玻璃四周的密封胶轻轻地刮掉，铲除干净后用硝基稀料擦拭一遍就能够去掉了，注意刮胶时一定不要刮伤玻璃或窗框。

（2）使用丙酮、二甲苯、汽油、香蕉水。用布蘸取少量的溶液，擦拭即可轻易的去除。

3. 玻璃的镶嵌密封

玻璃就位后应及时固定。玻璃镶嵌密封的方法有两种：胶条密封和密封胶密封，又称干法密封和湿法密封。采用密封胶镶嵌密封相较而言较好一些，但如果后期需要更换玻璃则比较麻烦，需要刮除全部的密封胶。

（1）干法密封（胶条密封）。用橡胶条镶嵌、密封，表面不再注胶，但接口处应打胶密封。这种方法的好处是更换玻璃方便，但密封不严密，可以通过在型材的室外面开排水孔的方法排水。

（2）湿法密封（密封胶密封）。采用密封胶密封，在注胶前应用弹性止动片将玻璃固定，然后在镶嵌槽的间隙中注入硅酮密封胶。

1）弹性止动片的选用尺寸应符合要求：长度不应小于25mm；高度应比槽口或凹槽深度小3mm；厚度应等于玻璃安装前后部余隙。

2）弹性止动片的安装位置应符合要求:弹性止动片应安装在玻璃相对的两侧，止动片之间的间距不应大于300mm；弹性止动片安装的位置不能与支承块和定位块位置相同。

↑沿着窗玻璃四周粘贴密封胶条

↑沿着窗玻璃四周打密封胶

7.5 产品保护与验收

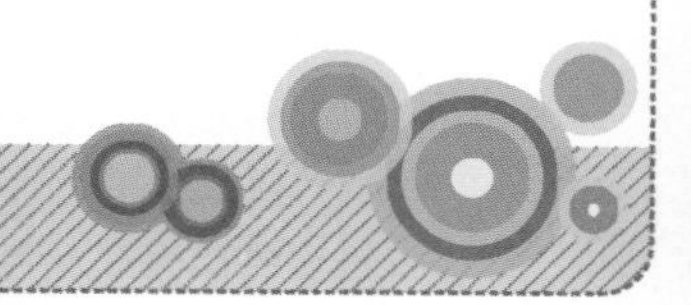

无论是铝合金门窗，还是断桥铝门窗，或是木包铝门窗，在安装前都要选择质量较好的产品，还要检查其表面有无磨损，保护膜是否完好，避免减少门窗的使用寿命。

↑铝合金门窗的成品保护

↑铝合金门窗的框架保护

1. 产品保护

（1）安装前应仔细检查铝合金门窗的保护膜是否有缺损，对于缺损部分补贴保护膜。

（2）在进行安装施工过程中，不得损坏铝合金门窗上的保护膜。如不慎在安装时粘上了水泥砂浆，应及时擦拭干净，以免腐蚀铝合金门窗。

（3）铝合金门窗安装完毕后，在工程验收前，不得剥去门窗上的保护膜，并且要防止撞击， 避免损坏门窗。

（4）已安装上门窗的洞口，禁止再作为运料通道。

（5）严禁在门窗框、扇上安装脚手架、悬挂重物。

（6）应防止利器划伤门窗表面，并防止电、气焊火花烧伤门窗面层。

2. 工程验收

铝合金门窗的工程验收应符合国家标准GB 50300—2013《建筑工程施工质量验收统一标准》和GB 502010—2016《建筑装饰装修工程质量验收规范》的规定要求。

（1）铝合金门窗的隐蔽工程验收，应在作业面封闭前进行并形成验收记录。

↑检查合金门窗的保护膜是否有缺损

↑安装施工过程中不得损坏门窗上的保护膜

（2）铝合金门窗工程验收时应提供下列文件和记录：

1）铝合金门窗工程的施工图、设计说明及其他设计文件。

2）铝合金门窗的气密性能、抗风压性能、水密性能、隔声性能、保温性能检测报告。

3）铝合金门窗型材、玻璃、密封材料及五金件等材料的产品质量合格证书及性能检测报告，进场验收记录。

4）隐框窗应提供硅酮密封胶与相接触材料的相容性检验报告。

5）铝合金门窗框与洞口墙体连接固定、防腐、缝隙填塞、密封处理及防雷连接等隐蔽工程验收记录。

6）铝合金门窗出厂合格证书。

7）铝合金门窗安装施工自检合格记录。

8）进口商品应提供相关报关及商检证明。

检 测 报 告

TEST REPORT

工程/产品名称

委托单位

检测类别 现场抽检

报告日期 2013年8月6日

↑铝合金门窗产品质量检测报告

国家固定灭火系统和耐火构件质量监督检验中心

试 验 报 告

↑铝合金门窗玻璃质检报告

（3）铝合金门窗安装的主控项目验收。

1）铝合金门窗的品种、规格、类型、性能、尺寸、安装位置、连接方式、开启方向及铝合金门窗用型材的合金牌号、状态、力学性能、尺寸允许偏差、外观质量及表面处理应符合现行国家标准的规定。型材主要受力构件的壁厚应符合设计要求。铝合金门窗的防腐处理及嵌填、密封处理应符合设计要求。

2）铝合金门窗配件的型号、规格、数量应符合设计要求，安装应牢固，位置应正确，功能应满足使用要求。

3）铝合金门窗框和金属附框的安装必须牢固。预埋件的数量、位置、埋设方式与框的连接方式等必须符合设计要求。

4）铝合金门窗扇必须安装牢固，且开关灵活、关闭严密、无倒翘。推拉门窗必须有防脱落措施。

↑铝合金门窗的安装必须符合设计要求

↑推拉门窗防脱落措施

（4）铝合金门窗安装的一般项目验收。

1）铝合金门窗安装应在规定允许偏差范围内。

2）铝合金门窗表面应洁净、平整、光滑、色泽一致，无锈蚀，无划痕、碰伤等。

3）铝合金门窗框与墙体之间的缝隙应填塞饱满，并采用密封胶密封。密封胶表面应光滑、连续、无裂纹。

4）铝合金门窗扇的密封胶条和密封毛条应安装完好，平整、不易脱槽。

5）铝合金门窗的排水孔、气压平衡孔应通畅，位置和数量应符合设计要求。

↑检查铝合金门窗的密封毛条

↑检查铝合金门窗的排水孔

7.6 维护与保养

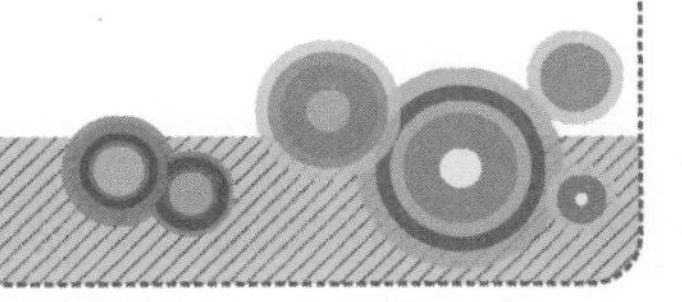

为保证铝合金门窗的使用寿命，应对其进行必要的维护和保养。铝合金门窗竣工时，应提供产品维护说明书。

↑住宅铝合金门窗1

↑住宅铝合金门窗2

1. 日常维护和保养

铝合金门窗日常使用过程中应注意以下事项：

（1）铝合金门窗应在通风、干燥的环境中使用，保持门窗表面整洁，不得与酸、碱、盐等有腐蚀性的物质接触，门窗在使用过程中应防止锐器对窗体表面碰、划、拉伤及其他损坏。

（2）应定期检查门窗排水系统，清除堵塞物，保持排水口的畅通。

（3）推拉窗开启时，联动器式先将执手旋转90°，半圆锁式将手柄旋转180°，将窗锁转到开启状态，用手轻推窗扇即可，外力不能直接作用在窗锁上;关闭时，用手轻推拉窗扇， 使窗扇关闭到位，在将执手、窗锁反向旋转关闭窗扇，保证窗扇缝隙密封严密。 平开窗开启时，先将执手旋转90° 开启到位后再轻推（拉）窗扇，以免上下锁点阻碍窗扇启闭或因用力过猛损坏执手;关闭窗扇时，轻拉（推）窗扇到位，再将执手反转到关闭状态即可。 内平开下悬窗开启时，先明确开启方式，内开时先将执手旋转90°，开启到位后再轻拉执手打开窗扇;内倒时将执手旋转180° 开启到位后再轻拉执手打开窗扇;关闭窗扇时，轻推窗扇到位，将执手反转到关闭状态即可。

（4）门窗滑槽、传动机构、合页、滑撑、执手等部位应保持清洁，去除灰尘。门窗螺钉松动时应及时拧紧。合页、滑轮、执手等门窗五金件应定期进行检查和润滑，保持开启灵活，无卡滞现象。

（5）因热胀冷缩原因，门窗胶条有可能出现伸缩现象，此时不能用力拉扯密封胶条，应使其呈自然状态，以保证门窗密封性能。铝合金门窗的密封胶条、毛条出现破损、老化、缩短时应及时修补或更换。

（6）铝合金门窗宜用中性的水溶性洗涤剂清洗，不得使用有腐蚀性的化学剂如丙酮、二甲苯等清洗门窗。

↑清洗铝合金门窗

↑清理铝合金窗排水口

2. 回访及维护

（1）铝合金门窗工程竣工验收1年后，应对门窗工程进行一次全面的检查，并做好回访检查维护记录。

（2）出现问题应立即进行维修、更换，发现门窗安全隐患问题，应紧急处理。

（3）铝合金门窗保养和维修作业时，严禁使用门窗的任何部件作为安全带的固定物。高空作业时，必须遵守JGJ 80—2016《建筑施工高处作业安全技术规范》的有关规定。

↑铝合金窗的日常维修、更换

↑铝合金门的日常维修、更换

图解小贴士

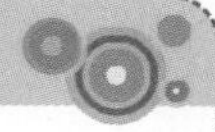

门窗常规设计规范知识

所有门窗设计的前提是符合业主合理的技术要求及满足国家标准、行业规范、地方法律法规等。

（1）客厅和卧室一般设计为平开内倒窗或内平开窗（7层以上不允许采用外开窗），平开系列窗开启方便、安全、易清洁且其气密、水密及隔声效果好，也满足了客厅、卧室大通风的使用功能要求。

（2）卫生间窗通常设计为翻窗系列，既满足通风换气的要求，又不占使用空间，但其相对而言安全性较差，且开启角度受限制。

（3）室内餐厅及厨房窗的设计应根据实际的窗洞口大小及房间布局、外立面装饰要求等方面去设计，选择合适的窗型。

（4）一般位置通常设计为推拉窗，开启不占室内空间，可避免刮碰，便于维护保养，同时成本低，经济性好。

从最初的木质门窗发展到现今的铝合金门窗，门窗的采光面积变得更大了，材料更是越发的轻薄耐用，并且也变得越来越实用了。本章节将通过图文讲解的形式，详细分析并介绍铝合金门窗的安装步骤与安装小细节，让大家能够更好地了解、学习铝合金门窗的安装方法。

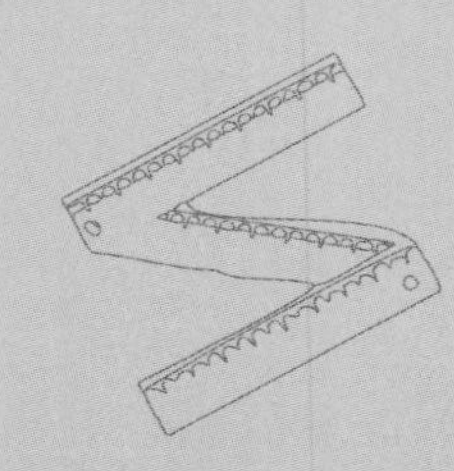

Chapter 8 铝合金门窗安装

识读难度：★★★☆☆

8.1 安装施工工艺

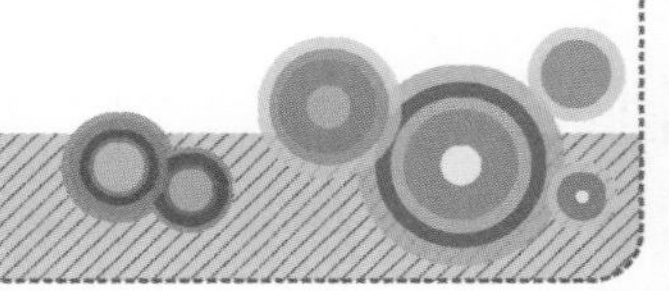

很多装修业主在装修时，往往把更多的时间和精力都放在了装修的细节上了，漠视了门窗的安装工艺问题，其实铝合金门窗安装方法与质量至关重要，稍有疏忽，会给后期生活带来许多的不便和烦恼。

铝合金门窗如今在市面上使用广泛，很多人会选择安装铝合金门窗，然而在铝合金门窗安装施工之前也是有许多准备工作需要完善的，这样才能确保后期的安装成功。

1. 安装人员要求

安装人员必须要熟练地掌握和熟悉铝合金门窗的操作工艺，准备好施工图纸及施工方案。安装人员应当具有良好的心理素质，能应对高空作业，具有强烈的安全防范意识。安装人员还需备好齐全的工具，已备不时之需。

2. 材料准备

（1）检查核对需要运到现场的铝合金门窗的规格、 型号、 数量、 开启形式等是否符合设计要求。

（2）铝合金门窗使用的型材及五金配件都要配备齐全，且是正规厂家生产的合格产品，无任何质量问题和破损。

（3）备好安装时需要使用的防水密封胶、防锈漆、水泥砂浆、填缝材料等各种耗材，这些材料用量应该提前计算好，一次性购买完成，避免安装时，缺少材料。

（4）若是成品铝合金门窗，那么在安装进场前需要对门窗进行检查，避免使用残缺或不合格的产品。铝合金门窗相关的建材及耗材应堆放整齐，避免因摔碰造成损坏。

3. 安全措施要求

（1）安装现场必须戴安全帽。严禁穿拖鞋、高跟鞋进入现场施工。

（2）安装用的梯子应牢固可靠，不应缺档，梯子放置不应过陡。

（3）材料要堆放平稳。工具要随手放入工具袋内。上下传递物件工具时，不得抛掷。

（4）用电的器具应安装触电保护器，以确保施工人员的安全。

（5）检查锤把是否松动，电钻是否漏电。

（6）提前准备好主要工具：电钻、活扳手、钳子、水平尺、线坠、螺丝刀等。

8.2 铝合金门窗框安装

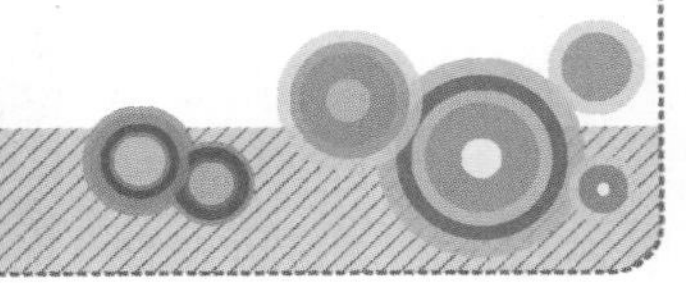

在安装铝合金门窗时，除了需要准备一些基本的施工工具以外，还需要掌握铝合金门窗的安装施工工艺及流程，主要是定位、放线、装置竖向门框、装置玻璃、固定玻璃、注玻璃胶封口、注密封胶等。

铝合金型材由工厂预制加工好，加工仅仅是对铝合金门窗框架型材材切割，对门窗扇型材预先组装成扇，但是不包含玻璃，因此运输比较方便。

门窗安装施工工具电钻，用来钻孔、安装固定铝合金窗的。如果在混凝土墙地面施工，还需要使用电锤，钻孔力度更大。

注意检查铝合金门窗型材的包装是否完好，没有包装贴纸的型材是不合格的，后期安装好后会有许多划痕，影响美观。

铝合金窗在安装前期需要铝合金门窗工厂裁切好合适的型材，图中由于裁切的型材尺寸存在误差，因此安装师傅在进行最后的裁切修改。

将裁切好的型材放到需要安装的位置，检查型材尺寸长度是否合适，过长或者过短都不合格。

将型材放到安放在安装位置，需要仔细观察是否摆放完好，避免后期安装失败。

用电钻将螺钉打进型材与底下的铝合金栏杆相连接处。冲击钻在窗框上打孔时，要注意的是孔的深度要保证螺钉能完全扭进去。若是连接墙体的窗框，在窗框上打孔时要注意，窗框上各打3个孔，上下各打一个。

孔一般打在窗框中间槽的位置，要打入墙体。最后将膨胀管的螺钉塞进打好的孔中，用电钻将后端的螺钉扭进去固定。一般窗框两边各打3个孔，上下各打一个，孔一般打在窗框中间槽的位置。

将孔打好之后，就可以把事先套好膨胀管的螺钉塞进打好的孔中，要保证膨胀管全部进入墙体，然后用手电钻将后端的螺钉扭进去，不要扭得太紧，以免将窗框拉向一边。

将两侧的横中框安装好，使用电钻将两侧螺钉打进去，固定好横中框。最后用螺钉将整体窗框全部都固定好，注意检查是否歪斜，避免影响使用。可以采用线坠铅锤来检查矫正。

安装过程中配合使用铅锤，用来检查窗框是否安装平整。注意在安装窗框时，先不要打螺钉，若歪斜了，方便调整校正，最后再来固定螺钉。

氯丁橡胶垫块可以进一步校正铝合金型材安装的水平度。

将窗玻璃下部用约3mm厚的氯丁橡胶垫块垫于凹槽内，避免玻璃直接接触框扇。

安放好玻璃后，使用螺钉临时固定，方面后期打胶水。待胶水自然晾干后，取出螺钉，避免窗户经过长时间使用后，热胀冷缩，磨损甚至挤破窗玻璃，减少窗户使用寿命。

使用螺钉临时固定窗玻璃，可用电锤在混凝土结构横梁、立柱、楼板上钻孔。

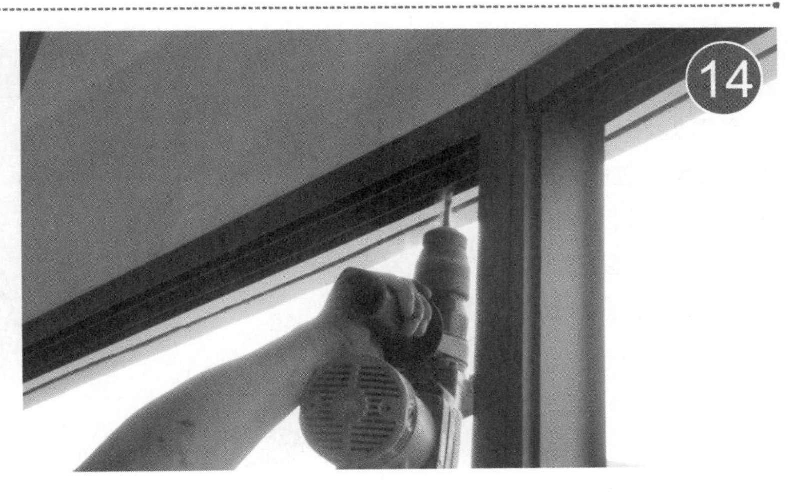

玻璃胶的黏结强度很好，中性玻璃胶较好，散发气味小，适用于比较光滑的多种材质界面，如铝合金、玻璃、瓷砖等。

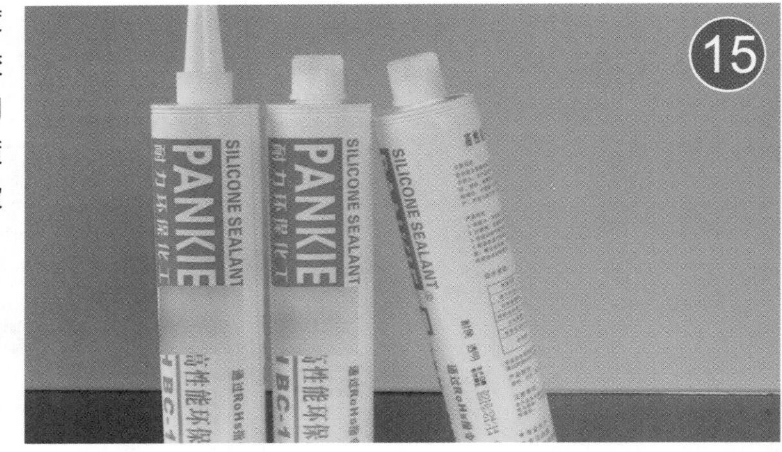

仔细检查结构是否正确，准备在窗玻璃四周打上玻璃胶。

用抹布打湿水清理表面灰尘，在缝隙处打上聚氨酯密防水密封胶。打胶的过程保持匀速，尽量在门窗的两面施打密封胶，窗户的内部及外部缝隙都要打胶。

待密封胶自然晾干后，在窗户的四周打上发泡剂。

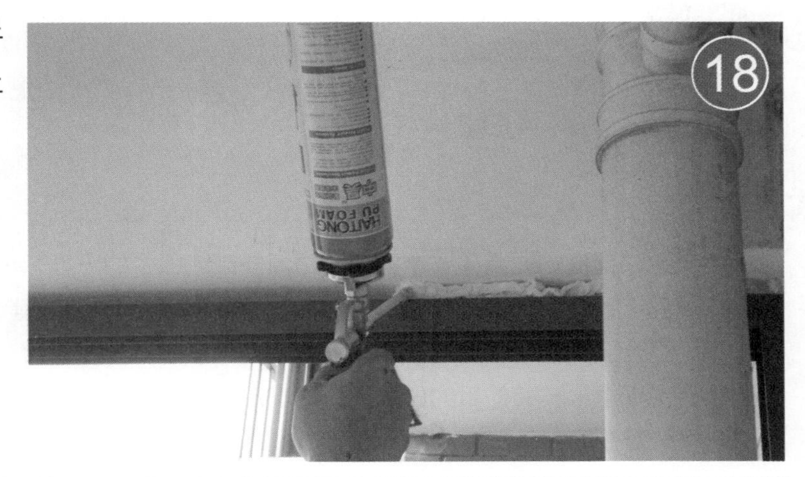
18

对于边缘缝隙宽度在30mm以内的可以采用发泡剂来填充，如果大于30mm，则需要采用水泥板等复合板材填充后，再打发泡剂。

19

待发泡剂膨胀并晾干后用工具刀刮去多余的发泡剂。这时可以根据装饰装修要求来继续修补缝隙，如刮腻子、刷涂乳胶漆等。

20

8.3 强化固定与玻璃安装

铝合金门窗框的安装是整个铝合金门窗安装流程中的一项，也是不可或缺的一项。门窗框需要固定到墙面或者其他物体上，然后才能安装玻璃，注胶等。

现代铝合金门窗所采用的玻璃多为中空钢化玻璃，自重较大，要求铝合金框架具有一定强度，前期框架安装的目的主要用于玻璃尺寸测量，待玻璃运输到安装现场时应当进一步强化框架，方能继续安装。

如果后期运输至安装现场的玻璃与框架尺寸不符，应当将框架部分拆除，根据玻璃尺寸重新组装。

对于重新校正固定的铝合金框架，四周连接墙体的部分使用膨胀螺钉固定，窗框与下面阳台栏杆连接的部分采用螺钉固定。

由于中空玻璃自重较大，应当在靠墙外侧增加环形金属连接件，并采用膨胀螺栓固定，强化铝合金框架与墙体之间的紧密度。

将安装铁片的一端固定在窗框上，另一端固定在阳台栏杆上。注意不用打孔，使用电动螺丝刀直接拧紧即可。

安装玻璃时应当轻拿轻放，玻璃与框架之间要放置橡胶垫片。钢化玻璃是一次性成型产品，避免周边受到挤压与碰撞，一旦破裂容易炸开伤人。

固定玻璃时，先打螺钉钻孔至铝合金框架上，通过螺钉与框架之间的缝隙来固定玻璃，尽量减少螺钉的应用，避免伤及玻璃边缘，待打玻璃胶固定妥善后，取下螺钉。

预留的空调管道孔一般存在于边角，不宜在中空玻璃中央加工钻孔，防止密封不当。

重新校正后的框架应当再次通过发泡胶来固定，发泡胶的膨胀系数很大，一定要超出缝隙空间，保证完全填充。待完全干燥后约48h再用美工刀将多余发泡胶裁切。

检查排水孔是否畅通，检查门窗开启、关闭是否顺畅，检查整体密封是否到位，最后安装各种五金件。

对于浅色铝合金型材，安装初期要确保型材上的包装贴纸完整，以防型材受到污染与破损。

在安装施工全部完成后3天内必须撕掉包装贴纸，且有的部分在安装之后不易撕掉，需要在安装时就撕掉。

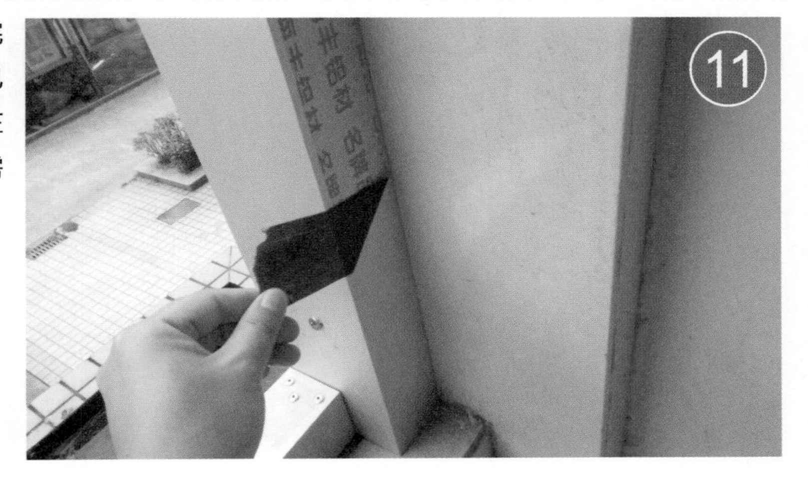

参考文献

[1] 阎玉芹，李新达．铝合金门窗[M]．北京：化学工业出版社，2015.
[2] 孙文迁，王波．铝合金门窗设计与制作安装[M]．北京：中国电力出版社，2013.
[3] 李书田．建筑门窗及施工技术[M]．北京：中国财富出版社，2013.
[4] 杜继予．现代建筑门窗幕墙技术与应用[M]．北京：中国建材工业出版社，2018.
[5] 王波，孙文迁．建筑节能门窗设计与制作[M]．北京：中国电力出版社，2016.
[6] 中国建筑标准设计研究院组织．防火门窗[M]．北京：中国计划出版社，2012.
[7] 王寿华．建筑门窗手册[M]．北京：中国建筑工业出版社，2002.
[8] 朱晓喜，杨安昌．图解系统门窗节能设计与制作[M]．北京：机械工业出版社，2018.
[9] 朱洪祥．中空玻璃的生产与选用[M]．山东：山东大学出版社，2006.
[10] 宋秋芝．玻璃镀膜技术[M]．北京：化学工业出版社，2013.
[11] 徐志明．平板玻璃原料及生产技术[M]．北京：冶金工业出版社，2012.
[12] 刘缙．平板玻璃的加工[M]．北京：化学工业出版社，2010.
[13] 汪泽霖．玻璃钢原材料及选用[M]．北京：化学工业出版社，2009.